LA THEORIE SYNERGETIQUE

Une théorie pseudoscientifique dont l'ambition était se substituer à la Relativité

Présentée par Benjamin LISAN

Club de Recherche de l'INSA
de Lyon

LA THEORIE SYNERGETIQUE

Une étude critique

par Benjamin LISAN

Ingénieur INSA Lyon,
Ingénieur du Génie Atomique de l'INSTN de Saclay
Diplômé du DEA de Physique des plasmas de l'Université d'Orsay Paris XI
Diplômé de l'AEA de Physique du réacteur de l'Université Claude Bernard à Lyon.

1ère version : 1978.

2ème version : décembre 2006 (remaniée et augmentée).

3ème version : juillet 2014 (incluant les commentaires de M. Franck Vallée[1]).

Club Recherche INSA
INSA, 20 avenue Albert Einstein, 69621 Villeurbanne CEDEX — Lyon (78) 68 81 12

---

[1] Monsieur Franck Vallée est le fils de M. Renée-Louis Vallée.

La Théorie Synergétique, une étude critique

Présentée par Benjamin LISAN

1 Avertissement

La « théorie synergétique » est une théorie pseudoscientifique en physique, imaginée par un ingénieur Sup'Elec, M. René-Louis Vallée, diffusée en 1971, par ce dernier, dont l'ambition était de se substituer à la théorie de la relativité. Elle a eu un certain succès chez les étudiants des universités françaises, jusqu'à ce que plusieurs physiciens _ M. Gréa, M. Levy-Leblond _ démontrent que les allégations de son créateur ne reposent sur aucun fait concret, mais seulement sur les fantasmes de son cerveau imaginatif,

Ensuite ce dernier, a entamé une véritable dérive scientifique, dans une théorie du complot, persuadé qu'il était victime d'un complot des forces de l'argent, de l'industrie nucléaire, des scientifiques juifs, contre lui et sa théorie, ce qui contribué à son propre discrédit.

Bien qu'étant en opposition à la démarche paranoïaque de M. Vallée, j'ai fait en sorte que le club scientifique étudiant, dont j'étais le directeur, en 1978, publie une plaquette de 80 pages sur sa théorie ou plus exactement sa théorie pseudoscientifique, en démontrant en quoi elle est pseudoscientifique.

Les pages qui suivent est le texte intégral de la plaquette que j'ai publiée en 1978.

Ultérieurement, j'ai rajouté cette courte « Biographie de Monsieur Vallée », au chapitre 10.

La Théorie Synergétique, une étude critique

par Benjamin LISAN

2   Introduction

Un livre publié par Monsieur René-Louis Vallée en 1971 intitulé *"L'Energie Electromagnétique et Gravitationnelle"*, aux éditions Masson, avait provoqué une certaine polémique limitée, à l'époque, dans le milieu scientifique de la physique fondamentale. Le résultat final, de cette polémique et de cette affaire, fut le discrédit de l'auteur au sein de celui-ci.

Son auteur, ancien diplômé de l'Ecole Supérieure d'Electricité, avait été ingénieur électricien au C.E.A. de Saclay, puis professeur d'électronique, électromagnétisme et de logique à l'Institut National des Sciences et Techniques Nucléaires. Il avait publié auparavant, en 1970, un livre sur la logique binaire, aux éditions Masson. Ce livre avait eu un succès d'estime et dont la rigueur et l'intérêt ne pouvait être remis en cause.

Le livre *"L'Energie Electromagnétique et Gravitationnelle"*, paru en 1971, chez Masson, exposait les convictions de l'auteur. Selon lui, toutes les bases de la physique fondamentale actuelle étaient contestables, voire fausses _ comme le principe d'incertitude d'Einsenberg, posé comme postulat, ou comme la constante absolue de la vitesse de la lumière posé comme principe fondamental absolu _ et trop « éloignée » de la « réalité intrinsèque ou ultime de l'Univers »[2].

Pour ce dernier, quand une théorie est trop compliquée, inaccessible au commun des mortels, trop abstraite, trop réservée à une élite _ comme la théorie de la Relativité ou comme la Physique Quantique ... _, alors les scientifiques sont certainement engagés sur une fausse route. Pour cet auteur la réalité est simple et on pourrait toujours ramener la réalité physique à des modèles imagés simples puisés dans notre « expérience ordinaire »[3].

Pour cet auteur, il y a une propension des physiciens à rendre la physique abstraite, pour la rendre inaccessible à tout un chacun et de cette manière s'arroger un pouvoir sur le monde scientifique, et se rendre incontournables et indispensables.

En basant sur ses propres intuitions et ses certitudes, Monsieur Vallée était persuadé que tous les phénomènes physiques, sans exception, pouvaient être expliqués en fait très simplement et naturellement, par la présence d'une **Energie Diffuse** cachée (d'une densité énergétique colossale) emplissant tout l'univers (un peu comme une sorte d'Ether), constituée uniquement d'ondes électromagnétiques. Tout s'expliquerait alors par la présence de cette énergie diffuse "colossale".

Les particules ne seraient que des sortes de cavitations, ou résonances stables, se maintenant dans le cadre d'un phénomène de discontinuité locale allié à une sorte de changement énergétique d'état de ce milieu, comme dans le cas des polarisations collectives stables de certains matériaux ferromagnétiques ou ferroélectriques.

---

[2] Commentaire de M. Franck Vallée (fils de M. René-Louis Vallée) : *"Il est important de réintégrer la synergétique dans la continuité de pensée de la physique moderne, en particulier de la mécanique quantique qui du fait de sa nature descriptive des phénomènes ondulatoires est la plus proche des bases phénoménologiques de la synergétique : celles d'un milieu continu et ondulatoire, de nature électrique et à l'origine de la matière"*.

[3] Commentaire de M. F. Vallée : *"Encore une fois, je ne peux pas m'aligner avec cette vision, du fait de l'échec répété d'une approche naturaliste de la physique qui a conduit à son abandon au début du XXième siècle pour une approche mathématique. De fait, notre connaissance **mésencosmique** ne peut nous permettre de préjuger des phénomènes microcosmiques. Seule l'expérience doit faire loi"*.

Malheureusement, les idées concernant ces discontinuités du milieu, limitées par des surfaces appelées surface disruptives _ et donnant les contours du volume d'une particule _, restaient floues, mal expliquées et mal approfondies, au niveau d'un modèle rigoureux.

Et le vague formalisme, resté à l'état d'une ébauche inachevée, pour justifier ce modèle, n'éclaire pas non plus sur la structure exacte et rigoureuse de ce modèle de particule postulé. Tout dans son exposé reste une question de conviction de l'auteur.

Les faibles variations de la vitesse de la lumière pourraient quant à elles ne plus être constantes et expliqueraient alors l'existence des forces de gravitations et leurs puissances. Mais ses variations seraient si infimes qu'elles seraient indécelables.

Derrière un formalisme, qu'on pourrait en apparence prendre pour un formalisme rigoureux si l'on n'a aucune de connaissance en physique fondamental, *le contenu de cet ensemble d'intuitions ou de convictions, reste en fait assez flou.*

Tout le corpus est en fait un ensemble d'intuitions étayées par de vagues démonstrations, ne formant pas un ensemble cohérent, avec des lois, des démonstrations ou affirmations facilement vérifiables. Aucune "démonstration" ne prouvent définitivement tel ou tel fait de façon irréfutable et incontestable.

En fait, les affirmations peuvent aussi le plus souvent donner lieu à confusion d'interprétation. On peut donner plusieurs interprétations à cet "ensemble" selon les circonstances ou selon l'auditoire rencontré.

Ce livre, se voulait la preuve de cette certitude et la critique des "errements" de la physique actuelle qui a perdu l'Evidence qui sautent pourtant aux yeux. Cette certitude si claire et évidente, subjuguante, d'une énergie remplissant tout l'univers, est tellement simple pour l'auteur, qu'elle ne pouvait sérieusement être remis en cause.

Cette façon d'aborder la physique par des convictions, qu'on cherche à tout prix à prouver[4], et qu'on ne veut pas un seul instant remettre en cause, selon le processus classique de "réfutation" (ou "falsification" scientifique selon l'acceptation du sémanticien Poppers), a indisposé plus d'un physicien [1] et a de fait, discrédité l'auteur de la théorie Synergétique.

Pourtant cette tentative de remise en cause _ malheureusement non clairement et honnêtement affirmée _ des théories modernes, y compris de la Relativité, aurait pu être une démarche intellectuelle *intéressante, vue comme un jeu intellectuel*, ne serait ce que pour éviter que l'on finit par « croire religieusement » en la certitude absolue du bien fondés des théories relativistes et quantiques.

Mais, de son vivant, Monsieur Vallée, avait toujours refusé vigoureusement qu'on puisse l'accuser par sa "théorie", de remettre en cause la Relativité et n'acceptait pas qu'on affirme que sa théorie était incompatible avec la relativité (pourtant, elle l'est bien)[5].

Monsieur Vallée ne voulait pas non plus admettre que son intuition de *captation de l'Energie Diffuse avait été réfutée d'une façon non contestable* par différentes expériences, dont celle de J.M. Levy-Leblond [22], et surtout par des analyses rigoureuses des bilans énergétiques dans les Tokamaks [23] [24] [25] [26] [6].

Présenté, comme un simple exercice intellectuel, ne s'affirmant pas comme le Vérité mais comme une Hypothèse parmi d'autres, elle aurait pu apporter un simple point de vue critique sur certains présupposés et auraient peut-être ainsi poussé à une réflexion sur ces derniers.

---

[4] Biais cognitif ou de raisonnement, appelé biais de confirmation (ou encore raisonnement circulaire).

[5] Alors que dans le cercle intime de ses adeptes, il mettait alors en doute la véracité de la relativité.

[6] Note : l'auteur de cet étude, quant à lui, avaient aussi envoyé à Monsieur Vallée, en 1979, photocopies des analyses [25] et [24] pour son information.

Car il y avait pourtant plusieurs idées critiques sur nos présupposés inconscients actuels, utiles pour la réflexion en physique fondamentale, dans les écrits de Monsieur Vallée :

1. l'idée de la possibilité d'un lien entre les constantes physiques fondamentales.
2. l'idée d'une possibilité de la non-constance de la vitesse de la lumière (!)

C'est pourquoi l'auteur de cette plaquette a tenté, de présenter certains éléments des idées de Monsieur Vallée, comme peut-être possibles morceaux préliminaires d'une possible et hypothétique (?) théorie, non relativiste (?), et tenter de voir si cette théorie pouvait "tenir la route" face à le Relativité. Mais dans son esprit, ce n'est qu'un jeu intellectuel. Rien d'autre.

Pour cela, un ébauche de "formalisation" de ces morceaux a été réalisée (tentative d'ailleurs non reconnue par Monsieur Vallée, qui selon lui dénaturerait sa théorie).

L'auteur de cette plaquette pense que _ même si l'addition et l'intégration de ces morceaux séparés, ne conduira sûrement pas à la création d'une théorie cohérente, valable et solide, « tentant la route » _ cette tentative pourrait pousser à ne pas se reposer sur ses certitudes concernant la physique actuelle et a essayer d'explorer de nouvelle voie (pas nécessairement celle de M. Vallée, mais d'autres voies, comme un lien possible entre les constantes physiques fondamentales, la variation de la vitesse de la lumière etc …).

L'auteur a voulu surtout montrer par ce travail que les idées de Monsieur Vallée sont originales, par rapport à d'autres tentatives équivalentes plus ou moins sérieuses, émises dans le passées et que la condamnation sans appel qu'il a subi a été peut-être injuste (?). Il est aussi vrai que le rejet et la condamnation est été en grande partie causée, par la personnalité, refusant toute critique[7], de Monsieur Vallée.

Dans la suite de cette opuscule, nous verrons si la « théorie synergétique » a mérité son « excès d'indignité », ou bien si elle a apporté des idées qui auraient pu être intéressantes pour l'avancement de la science. C'est pour ces raisons que nous la soumettrons ici, lors de cette étude, à une démarche aussi critique et scientifique que possible.

Les écrits de Monsieur Vallée ressemblent-ils « *à la physique comme à la calligraphie ces graphismes de Steinberg qui, mimant de loin une écriture parfaitement conventionnelle, se révèlent de près être d'insignifiants tracés* », comme l'a écrit M. Jean-Marc Lévy-Leblond, dans la Recherche [8] ? Avons affaire « *à un discours pseudo-théorique* », selon M. Lévy-Leblond, et non « *à une théorie formalisé et prédictive* » ?

Est-il vain de tenter de réaliser une critique rationnelle des « vérités » intrinsèques et des bases « objectives » de la « théorie synergétique », comme le pense M. M. Lévy-Leblond ?

C'est ce que nous allons essayer d'éclaircir ou de vérifier par cette étude ci-après. De cette étude assez « poussée » de cette « théorie », nous en avons tiré ce rapport, qui nous l'espérons sera aussi exhaustif que possible sur tous les aspects de cette « théorie ».

N.B. Ultérieurement, en tant que raccourci, nous emploierons le terme « Synergétique » pour désigner la « théorie synergétique ».

---

[7] Et paranoïaque.

[8] Jean-Marc Lévy-Leblond, "*La "théorie synergétique" de M. Vallée*", La Recherche, N° 69, Juillet-août 1976, Volume 7, pages 661 & 662.

Dans la suite de ce document, l'indication « (H) » en début d'une phrase, signifie une « hypothèse supplémentaire », avancée soit par M. Vallée (mais non toujours explicite dans ses écrits), soit par l'auteur de ce rapport.

N.B. : Pour comprendre ce document et cette « théorie », il faut avoir un bon niveau en électromagnétique (dont une bonne connaissance des équations de Maxwell etc …), plus ou moins le niveau d'un ingénieur sortant de l'école Sup'Elec ou de l'école Sup'Télécom.
Ce document sera d'un abord aisé pour un physicien.

<u>Note</u> : ce texte a été écrit en 1978. Il a été remanié, depuis, en décembre 2006, pour tenir compte de la présence de certaines références documentaires sur la « théorie synergétique » qui n'existaient pas sur Internet en 1978.
Et entre temps, M. Réné-Louis Vallée est décédé, raison pour laquelle j'ai publié ce texte.

3 Idée d'un possible lien entre les constantes physiques fondamentales

Monsieur Vallée pense avoir trouvé un lien entre plusieurs constante fondamentale de physique (page 32 de sone livre) :

$$h \approx 8.\pi.e.(\mu_0/\varepsilon_0)^{1/2}.q^2 \quad \text{avec :}$$

Constante	Valeur	Incertitude absolue Δx
e nombre exponentiel	2.7182818285	~ 0
π le nombre pi	3.1415926536	~ 0
μ_0 la perméabilité magnétique du vide	$1.2566.10^{-6}$ H/m ou $4\pi \times 10\text{-}7$ kg·m/A²s² (ou H/m)	$\Delta\mu_0 = 0$ H/m
ε_0 la permittivité électrique du vide	$8.85418781762039 \times 10\text{-}12$ A²s⁴/kg·m³ (ou F/m).	$\Delta\varepsilon_0 = 0$ F/m
q charge électrique élémentaire d'un proton	$-1.60210 . 10^{-19}$ C $-1.60217653(14) \times 10^{-19}$ C	$\Delta q = 0.14.10^{-27}$ C
h constante de Planck	$6.62620. 10^{-34}$ J.s	$\Delta h = 1,1.10^{-40}$ J.s.
m_0 masse au repos de l'électron	$9.1091. 10^{-31}$ Kg $9.109\ 382\ 6(16) \times 10^{-31}$ kg	$\Delta m_0 = 0.16. 10^{-40}$ Kg
c vitesse de la lumière dans le vide	299792458 m/s	$\Delta c = 0$ m/s, par définition [9].

Mais à la vérification par le calcul d'incertitude (1), on s'aperçoit que cette formule est fausse. Elle donne pour h = $6.72641 . 10^{-34}$ alors que h = $6,62620. 10^{-34}$ (ce qui donne une erreur relative de 0,015 sur la valeur de « h », soit ~ 1,5 %).

(Sinon on trouve que la valeur de $h/(8.\pi. (\mu)^{1/2}.(\varepsilon).q^2) \approx 2,725$ alors que e = 2,718281…).

L'auteur de ce document, quant à lui avait trouvé la formule suivante (sous 2 variantes (a) & (b) :

$$e \approx \frac{m.\varepsilon.\sqrt{c}}{2.q^2} \text{ (a)} \quad \text{ou} \quad m \approx \frac{e.2.q^2}{\varepsilon.\sqrt{c}} \text{ (b)}$$

La formule (b) donne un résultat pour m = $9.10303\ 10^{-31}$ kg alors que m_0= $9.1093826\ 10^{-31}$ kg (ce qui donne une erreur relative de $-6,97\ 10^{-4}$ sur la valeur de m_0).

Et avec cette formule (a) on trouve pour e = 2,72018, alors que e = 2,718281… et donc une erreur de $6,986\ 10^{-4}$ sur la valeur de e).

Une idée intéressante serait de créer une énorme "Moulinette" informatique qui tente de la même façon de voir s'il existerait des relations entre toutes les constantes de physiques (entre les différentes masses, sections efficaces de toutes les particules connues, leur temps de désintégration, les contantes **c**, **h**, ε, μ,**G** (gravitation)...) et certaines nombres réels remarquables : π, **e** (voir en annexe, un exemple d'un tel programme).

---

[9] il n'y a pas la moindre incertitude sur ce chiffre, l'incertitude ne réside que dans la définition de la seconde.

(1) Selon le théorème des incertitudes relatives, si une valeur f dépend d'autres valeurs a, b, c par la formule suivantes (avec α, β, γ nombres constants sans incertitude) :

$$f = a^{\alpha} \cdot b^{\beta} \cdot c^{\gamma}$$

alors l'incertitude relative sur la valeur f est :

$$\frac{\Delta f}{f} = |\alpha| \cdot \left(\frac{\Delta a}{a}\right) + |\beta| \cdot \left(\frac{\Delta b}{b}\right) + |\gamma| \cdot \left(\frac{\Delta c}{c}\right)$$

avec Δa, Δb et Δc incertitude sur les valeurs a, b et c.

4 Hypothèses de base de la théorie

les hypothèses principales sont :

a) l'existence d'une structure énergétique dans ou de l'univers et de milieux énergétiques vibratoires encore appelés "milieux diffus" (suivant en moyenne statistique, les équations de Maxwell). Certains de ces milieux privilégiés sont dénommés "milieux à inertie stationnaire" (voir page suivante).

b) une valeur limite du champ électrique associée à une loi appelée "loi de matérialisation" qui stipule que la nature s'oppose à ce que le champ électrique dépasse une valeur limite ξ_d, appelée "champ disruptif. Elle s'y oppose créant 2 zones divergentes τ_1 et τ_2, de charge électrique +q et -q (charge élémentaire de l'électron) qui s'y oppose.

$$\iiint_{\tau 1} \text{div}(\varepsilon.E).\mathrm{d}\tau = +q \qquad\qquad \iiint_{\tau 2} \text{div}(\varepsilon.E).\mathrm{d}\tau = -q$$

c) une loi particulière de conservation de l'énergie qui suppose que la "*synergie*" _ c'est à dire toutes les énergies associées à un phénomène _ est invariante. Cet invariant reste constant dans toutes les transformations, et en particulier, dans les transformations de Lorentz.

Note : dans cette théorie, tout phénomène physique peut être considéré comme résultant de l'interaction de deux milieux énergétiques, l'un localisé, caractérisé par une masse, l'autre lié à l'espace environnant caractérisé par un potentiel.

La relation fondamentale de la "synergie" s'écrit : **S = m.U$_s$** (1), [10] avec :

m   masse maupertusienne, caractéristique du milieu localisé

Us   "*potentiel synergétique*", caractéristique du milieu du milieu de référence environnant.

d) L'espace est *euclidien* et le temps considéré comme différent de l'espace.

---

[10] "*Mécanique ondulatoire, synergétique et radioactivité*", par René-Louis Vallée, édition SEPED, c/o Vallée, 4 allée des Copalms, 91380 Chilly-Mazarin, page 2.

e) il n'existe pas de contradiction entre les lois physiques de l'univers car, dans cette théorie, on postule qu'elles découlent toutes d'une loi universelle ou *"dynamique universelle"* [11].

C'est ce que l'on appelle encore *"principe de cohérence"*.

Ces hypothèses appellent plusieurs remarques :

a) L'hypothèse du milieu énergétique n'est pas nouvelle, elle a déjà été employée par des thèses qui rejettent le concept d'espace vide, tel par exemple :

- *Géométrodynamique* de J.A. Wheeler (Académie Press - New York).
- *Théorie de la double solution* de Louis de Bröglie (Gauthier - Villars)
- *Théorie unitaire* de Jean Charron (Albin Michel).

b) l'hypothèse ou postulat b), du champ limite, ou modèle *"synergétique"* de l'apparition de la matière, est l'hypothèse plus originale et comme nous le verrons plus loin, cette théorie y a souvent recours.
c) l'hypothèse c), du potentiel *"synergétique"*, possède une caractéristique importante : la "synergie" est un invariant dans les transformations de Lorentz.
Nous verrons plus loin comment on peut la rapprocher de la formule de l'énergie en relativité :

$$E = Eo \cdot (1 - v^2/c^2)^{-1/2}$$

Comme nous le verrons plus loin M. Vallée postule que ce potentiel $Us = C^2$ avec C vitesse de la lumière. *Dans cette théorie cette vitesse n'est plus constante.*

Remarque :

En *théorie synergétique*, un milieu localisé caractérisé par une masse peut être une particule. Dans ce modèle, l'univers est rempli par une énergie de nature électromagnétique et de densité colossale. Ce milieu énergétique est caractérisé par un potentiel, et environne toute particule.

d) l'hypothèses d) est incompatible avec le principe de relativité qui rappelons-le, postule que toutes les lois physiques sont les même quelque soit le référentiel d'inertie et, en particulier, la vitesse de la lumière est constante quelque soit le référentiel d'observation. Cette constance implique nécessairement que le temps n'est plus absolumais doit dépendre du référentiel d'observation.

En synergétique, la vitesse de la lumière n'est plus constante, bien que dans le cadre du laboratoire, les variations de cette vitesse restent très faibles, (la théorie a souvent recours à cette non-constance).

e) L'hypothèses (s) _ qui permet d'écrire des inégalités ou des relations entre les phénomènes physiques, n'a pas donné le moyen de trouver, en synergétique, cette *dynamique universelle*.

Remarque : dans la suite, pour les autres hypothèses, qui ne sont pas contenues dans ce premier paragraphe, je les ferai précéder d'un "H" qui signifiera *"Hypothèse supplémentaire"*.

---

[11] idée qu'on retrouve dans la *"Théorie des catastrophes"* de René Thom _ *Stabilité structurelle et morphogenèse, Essai d'une théorie générale des modèles*, René Thom & W. A. Benjamin, 1972.

Définition importante en synergétique : *milieux à inertie stationnaire.*

Un milieu est à inertie stationnaire si l'on peut y définir un volume particulier 70 , dans lequel l'intégrale volumique, de toutes les quantités de mouvement des constituants du milieu, est statistiquement égale à zéro :

$$\overline{\iiint_{\tau 0} \rho . V . d\tau_0} = 0$$

où ρ.V : quantité de mouvement volumique. (2)

Il peut donc exister en Synergétique, des référentiels pour lesquels certains milieux semblent, en moyenne statistique, sans déplacement.

5   Explication des phénomènes relativistes et autres

5.1   « Nouvelle » explication des transformations de Lorentz

Pour l'étude des particules se déplaçant à des vitesses proches de la vitesse de la lumière, nous savons qu'il faut faire intervenir des équations de transformations appelées équations de Lorentz :

1ères équations de Lorentz pour les champs : (3)	2èmes équations de Lorentz pour les « dimensions » : (4)
$E_{1x} = 1 / \alpha (E_0 - \mu_0 . v . H_{oy})$ $E_{1y} = 1 / \alpha (E_0 + \mu_0. v . H_{ox})$ $E_{1z} = E_{oz}$ $H_{1x} = 1 / \alpha (E_{ox} + \varepsilon_0 . v . H_{oy})$ $H_{1y} = 1 / \alpha (E_{oy} - \varepsilon_0 . v . H_{ox})$ $H_{1z} = H_{oz}$	$X_1 = X_0$ $Y_1 = Y_0$ $Z_1 = 1 / \alpha (Zo - V.t_0)$ $t_1 = 1 / \alpha (to - \mu_0 . \varepsilon_0 . V. Z)$

avec $\alpha = (1 - V^2 . \mu_0 . \varepsilon_0)$

Les synergéticiens et M. Vallée interprètent les transformations de Lorentz comme le résultat d'un « *entraînement partiel du milieu* » et d'une redistribution des champs électromagnétiques autour d'une masse en mouvement. (« L'entraînement du milieu » expliquerait l'échec de l'expérience de Michelson-Morley, selon M. Vallée) [12]. M. Vallée postule que les transformations de Lorentz sont vraies (bien qu'elles ne sont selon lui que des relations « approchées » [13]), sans vraiment les justifier par une démonstration mathématique [14]. Selon M. Vallée, la vitesse de propagation des ondes électromagnétiques

---

[12] René-Louis Vallée, "*L'énergie électromagnétique, matérielle et gravitationnelle*", Ed. Seped, page 16 (ligne 26) et page 17. Remarque : ce livre est le livre fondamental de la théorie synergétique. Il est disponible aux Editions SEPED 16 bis rue Jouffroy, 75017 PARIS ou chez M. Vallée.

[13] René-Louis Vallée, ibid, page 17 (en haut de page).

[14] René-Louis Vallée, ibid, page 14 (en bas de page).

dans le « milieu cosmique » (ou « milieu d'énergie diffuse ») est « *affectée par la concentration plus ou moins importante d'énergie dans le milieu* » [15]. Il pense qu'une sorte de « *loi de Gladstone* » pour la réfraction des gaz _ celle-ci s'écrivant

$$R_n \cdot \frac{\partial m}{\partial \tau} = (n-1) = \frac{(c - v_0)}{v_0}$$ avec : $\frac{\partial m}{\partial \tau}$: masse volumique ou masse spécifique du gaz,

c : vitesse de la lumière dans le vide, **v₀** : vitesse de la lumière dans ce gaz, **R_n** : un coefficient dépendant du gaz (cette loi restant une très approchée)_, s'appliquerait dans ce « milieu diffus ». Selon M. Vallée, « *l'accroissement de l'énergie* $W = \frac{W_0}{\sqrt{1 - \varepsilon_0 \cdot \mu_0 \cdot v^2}} = \frac{W_0}{\sqrt{1 - \frac{v^2}{c^2}}}$ *en*

*fonction de la vitesse **v** du milieu en déplacement* » montre « *un entraînement partiel du milieu variant avec la proximité plus ou moins grande de la zone en déplacement ; **entraînement que des mesures directes ne peuvent mettre en évidence** : _ de là l'échec des expériences de Michelson et Morley et le succès de la théorie de la Relativité restreinte* » [16].

(H) - En synergétique, ε et μ dépendent de la concentration d'énergie et des champs, donc dépendent de l'endroit considéré dans l'univers et du temps. Comme ε , μ ne sont plus constants, les équations de Maxwell, qui dépendent de ces facteurs ε , μ, grâce aux

relations : $\overrightarrow{\text{rot}\,E} = -\mu \cdot \frac{\overrightarrow{\partial H}}{\partial t}$, $\overrightarrow{\text{rot}\,H} = \varepsilon \cdot \frac{\overrightarrow{\partial E}}{\partial t}$, $\text{div}\overrightarrow{E} = 0$, $\text{div}\overrightarrow{H} = 0$

ne sont <u>plus linéaires</u> (5).

Bien que Monsieur Vallée ait écrit la phrase suivante "*les transformations de Lorentz rendent compte, des transferts d'énergies [entre le milieu localisé que constitue la particule et celui extérieure cette dernière] et rendent aussi compte de l'entraînement de milieu [extérieur] qui en résulte*" [17], cet ancien professeur d'électromagnétisme à l'INSTN Saclay, déclare qu'elles n'ont "*aucune signification physique*", mais ne sont que "*des opérateurs mathématiques simples et commodes*" ou encore, ne sont que des "*relations approchées*" [18].
Mais comme une ambiguïté demeure sur le sens de "*aucune signification physique*", et que cette déclaration pose beaucoup de problèmes aux synergéticiens [19], il est préférable de donner les passages des textes rédigés par Monsieur Vallée à ce sujet plutôt que de les interpréter.
Nous savons que les transformations de Lorentz conservent la forme des équations de Maxwell (c'est à dire conserve la forme de l'écriture mathématique de ces expressions) et conservent aussi les charges électriques.

---

[15] René-Louis Vallée, ibid, page 14 (en haut de page).
[16] René-Louis Vallée, ibid, page 16 (en bas de page).
[17] page 16 du livre précédemment cité (les parenthèses [ ] ne sont rajoutées que pour la compréhension).
[18] page 17 du livre précédemment cité.
[19] En particulier à Monsieur Jean-Baptiste Marquette, sans lequel cet exposé n'aurait pu être rédigé.

Monsieur Vallée écrit :
"Il existe d'autres groupes de transformations qui conservent la forme des équations de Maxwell et les charges électriques :

$$x = a(v) . x_1$$
$$y = a(v) . y_1$$
$$z = a(v) . (\alpha)^{-1} . (z_1 - v . t_1)$$
$$t = a(v) . (\alpha)^{-1} . (t - \mu . \varepsilon . v . z_1)$$

$$E_{1x1} = a^2(v) . (\alpha)^{-1} . [E_x + \mu.v.H_y]$$
$$E_{1y1} = a^2(v) . (\alpha)^{-1} . [E_y - \mu.v.H_x]$$
$$E_{1z1} = a^2(v) . E_z$$

$$H_{1x1} = a^2(v) . (\alpha)^{-1} . [H_x - \varepsilon.v.E_y]$$
$$H_{1y1} = a^2(v) . (\alpha)^{-1} . [H_y - \varepsilon.v.E_x]$$
$$H_{1z1} = a^2(v) . H_z$$

$$\text{avec } \alpha = (1 - \mu_o . \varepsilon_o . V^2)^{1/2}$$

voir page 81 du livre précédent.

"*Nous constatons que l'existence de ce paramètre arbitraire a(v) ôte aux transformations, toute possibilité d'interprétation physique concrète. Ces transformations retrouvent aussi leur signification véritable dans ce rôle d'opérateur simple purement mathématique, que finalement, elles n'ont jamais cessé déjouer*", (page 82).

"*Notons que la négation de l'existence de milieux énergétiques de propagation, conduit à attribuer la valeur constante unité au paramètre a(v), quelque soit la vitesse relative v. Il est clair que cela relève d'une hypothèse physique dont seul est responsable la théorie de la relativité, et non des résultats expérimentaux, qui dans les cas (champ disruptif limite) que nous avons précisé en mécanique quantique, contredisent formellement cette hypothèse*" (page 83).

"*Vous n'avez pas le droit d'interpréter physiquement les équations de Lorentz; c'est une méthode mathématique pour arriver au résultat. On démontre en Synergétique, qu'on ne peut les interpréter physiquement, c'est à dire par une contraction de longueur et de temps. On ne peut découvrir leur sens que par le résultat. Par exemple, les transformations de Lorentz s'appliquent bien quand elles sont imaginaires (se reportera l'effet Cerenkov)*" [20].

"... l'expression du champ électrique associé à un électron supposé au repos [dans le cas d'une distribution à symétrie sphérique] est :

$$\vec{E} = -q . (4.\pi.\varepsilon. r^2)^{-1} . \overrightarrow{\text{grad}} (r) \qquad \text{pour } r > a$$

... nous supposerons pour r = a, que l'on atteigne la limite ε_d avec $a^2 = q . (4.\pi . \varepsilon . | \vec{\xi_d} |)^{-1}$

Dans le cas où il y a mouvement ... le calcul simple (avec les transformations de Lorentz) permet d'écrire :

$$E_x = \frac{-q.x}{4.\pi.\varepsilon_0.\alpha.r_1^3} \qquad E_y = \frac{-q.y}{4.\pi.\varepsilon_0.\alpha.r_1^3} \qquad E_z = \frac{-q.(z-v.t)}{4.\pi.\varepsilon_0.\alpha.r_1^3}$$

$$\text{Avec } r_1 = \sqrt{x^2 + y^2 + \frac{(z-v.t)^2}{\alpha^2}}$$

---

[20] Conférence de M. Vallée, sur la théorie Synergétique, à Saclay, en Janvier 77.

et ... il semblerait que la sphère de rayon "a" dût subir, dans la transformation, une contraction longitudinale suivant l'axe Oz et devenir, en principe, une ellipsoïde de révolution d'équation :

$$x^2 + y^2 + (z - v.t)^2 . \alpha^{-1} = a^2$$

Le long de cette éllipsoïde, pour $(z - v.t) = \alpha .a$ .... le champ électrique (transversal) prendrait la valeur maximale :

$$|Et| = (1 / \alpha) . q . (4 . \pi . \varepsilon . a^2)^{-1} = \xi_d / \alpha > \xi_d$$

"*Ce résultat qui fournit pour le champ électrique une valeur supérieure à la limite disruptive ξ_d , est physiquement aberrant ... les transformations de Lorentz, valable en moyenne, lorsqu'elles sont appliquées dans une région non divergente en supposant un entraînement partiel du milieu de référence, ne le sont plus ... au voisinage des discontinuités qui caractérisent les zones divergentes*" [21].

"*La relativité admet que les transformations de Lorentz peuvent s'appliquer globalement. Du fait de l'existence en Synergétique des milieux à inertie stationnaire de référence, il faut en Synergétique appliquer d'abord les transformations à chaque particule prises séparément, puis superposer ensuite les champs obtenus, en conservant, dans le milieu de déplacement une distribution topologique identique à celle qu'avaient les particules dans le milieu initial ... En Synergétique, il n'existe pas de contraction de temps et de longueurs. Il n'existe que des variations effectives de fréquences*" [22].

"*Une expérience a été faite avec 2 horloges atomiques tournant en sens contraire autour de la terre. On a vu physiquement que les 2 horloges s'étaient désynchronisées. Cela veut dire _ surtout pour les horloges atomiques _ qu'elles subissent la variation $m.c^2$ de la synergie, et il va y avoir un décalage de fréquence. Quand une particule a une fréquence v_0 au repos _ se reporter à la relation $S = h. v$ de la Synergie _, en augmentant sa "Synergie" , S / h sera supérieur à S_0 / h . Sa fréquence augmente. Ce n'est nullement l'unité de temps qui s'accroît*" [23].

5.2 Démonstration synergétique de l'accroissement de la masse avec la vitesse (à partir des équations de Lorentz)

Dans la théorie synergétique, une particule de masse m en mouvement à la vitesse v est considérée comme une zone à *inertie stationnaire* en déplacement relatif au milieu [à inertie stationnaire] extérieur de référence.
Attention, en Synergétique le "volume" [24] de la particule peut diminuer sans qu'il ait contraction de longueur; il y a simplement redistribution des énergies.
Le référentiel associé au milieu à *inertie stationnaire* de référence, extérieur à la particule, dans lequel se déplace la particule sera appelé $\mathcal{R}_{ext}$.

Le référentiel associé à la particule sera appelée $\mathcal{R}_0$ [25]

---

[21] R.L. Vallée, "*L'énergie électromagnétique, matérielle et gravitationnelle*", Masson, pages 42 et 43.

[22] "*Mécanique ondulatoire, synergétique et radio-activité*", page 9, Editions SEPED.

[23] Conférence de M. Vallée, sur la théorie Synergétique, à Saclay, en Janvier 77, lors des débats.

[24] Hypothèse : A la différence de la relativité, en Synergétique la particule n'est pas considérée comme ponctuelle. La relative, telle qu'elle est exposé dans la "théorie des (chapitre III, page 65) admet difficilement qu'une particule puisse se contracter et la considère comme ponctuelle.

[25] On suppose que l'axe des "x" est confondu pour les deux référentiels.

Dans le référentiel $\mathcal{R}_{ext}$, la particule a une quantité de mouvement qui est donnée par la formule donnée page 3 de cet opuscule.

Nous appellerons τ_0 le volume de la particule et τ_{app} le volume <u>apparent</u> mathématique donné par les transformations de Lorentz pour le référentiel extérieur associé au milieu de référence dans lequel se "propage" la particule.

$$\overrightarrow{(p)}_{R_{ext}} = \iiint_{\tau_{app}} \overrightarrow{\left(\frac{\partial p}{\partial \tau}\right)}_{R_{ext}} .d\tau_{app} = \iiint_{\tau_{app}} \overline{(\varepsilon.\vec{E} \wedge \mu.\vec{H})}_{R_{ext}} .d\tau_{app}$$

Comme pour ces calculs, on emploie les transformations de Lorentz, qui ne sont, d'après monsieur Vallée, que des relations approchées, on considérera que $\varepsilon = \varepsilon_0$ et $\mu = \mu_0$ [26].

La quantité de mouvement $(\vec{p})$ devient :

$$\overrightarrow{(p)}_{R_{ext}} = \varepsilon_0.\mu_0.\iiint_{\tau_{app}} \overline{(\vec{E} \wedge \vec{H})}_{R_{ext}} .d\tau_{app}$$

Si on suppose que la particule est un milieu à *intertie stationnaire*, ramené au volume τ_0, sa quantité de mouvement est nulle, donc on écrit :

$$\iiint_{\tau_0} \overline{(\vec{E} \wedge \vec{H})}_{R_0} .d\tau_0 = \vec{0}$$

Maintenant, si on applique les transformations de Lorentz, pour avoir sa quantité de mouvement en fonction de sa synergie au repos, on remplace dans la relation (8) :

$$[\overrightarrow{E_{R_{ext}}}] \text{ par } \begin{vmatrix} E_{0x} \\ (\alpha)^{-1} . [E_{0y} + \mu_0.v.H_{0z}] \\ (\alpha)^{-1} . [E_{0z} - \mu_0.v.H_{0y}] \end{vmatrix} \qquad [\overrightarrow{H_{R_{ext}}}] \text{ par } \begin{vmatrix} H_{0x} \\ (\alpha)^{-1} . [H_{0y} - \varepsilon_0.v.E_{0z}] \\ (\alpha)^{-1} . [H_{0z} - \varepsilon_0.v.E_{0y}] \end{vmatrix}$$

et « τ_{app} » par « $\alpha.d\tau_0$ » car
$$dx = \alpha. dx_0$$
$$dy = dy0$$
$$dz = dz0$$

$\overrightarrow{(p)}_{R_{ext}}$ devient donc :

$$\overrightarrow{(p)}_{R_{ext}} = \frac{\varepsilon_0.\mu_0.\vec{V}}{\alpha} . \iiint_{\tau_0} \overline{[\varepsilon_0(E_{0y}^2 + E_{0z}^2) + \mu_0(H_{0y}^2 + H_{0z}^2)].d\tau_0}$$

$$+ \frac{\varepsilon_0.\mu_0.\vec{u}}{\alpha}.(1 + \varepsilon_0.\mu_0.v^2). \iiint_{\tau_0} \overline{[(E_{0y}.H_{0z}) - E_{0z}.H_{0y}).d\tau_0}$$

Avec $\vec{u} = \dfrac{\vec{v}}{\|u\|}$

---

[26] en réalité ce n'est pas le cas (voir pages 29, 32 et 33) en Synergétique.

EN vertu de (9), l'expression $\overline{\iiint_{\tau_0}\left[E_{0y}.H_{0z})-E_{0z}.H_{0y})\right]d\tau_0}$ est nulle.

Il reste donc $(\vec{p})_{R_{ext}} = \dfrac{\varepsilon_0.\mu_0.\vec{v}}{\alpha}.\overline{\iiint_{\tau_0}\left[\varepsilon_0(E_{0y}^2+E_{0z}^2)+\mu_0(H_{0y}^2+H_{0z}^2)\right]d\tau_0}$ (10)

$$= \dfrac{\varepsilon_0.\mu_0.\vec{v}}{\alpha}.K$$

mais en vertu de (1), "K" a les dimensions d'une énergie donc

$(\vec{p}).\mathscr{R}_{ext} = \varepsilon_0 \cdot \mu_0 \cdot W_0 \cdot \vec{v} / \alpha$ (11)

mais $\vec{p} = m \cdot \vec{v}$, en vertu de (1), donc $m = \varepsilon_0 \cdot \mu_0 \cdot W_0 \cdot v / \alpha$ (11 bis)

si $v = 0$, $m = m_0$ (masse de la particule au "*repos*", par rapport au milieu extérieur, encore appelée *masse maupertusienne*). et W_0 (synergie de la particule) $= m_0 \cdot c_0^2$ (12).

Le *potentiel synergétique* U_s du milieu au repos est égal à : c_0^2 (12 bis).

de 12 et 11 bis, on tire $\quad m = \dfrac{m_0}{\sqrt{1-\dfrac{v^2}{c^2}}}$ (13)

avec **m** : masse de la particule vue du milieu extérieur.

et des formules (11) et (12), on tire la formule $\quad (\vec{p})_{R_{ext}} = \dfrac{m_0.\vec{v}}{\sqrt{1-\dfrac{v^2}{c^2}}}$ (14)

Remarque : on aurait dû trouver en vertu de la formule (1), l'expression de la synergie égale à :

$W_0 = \overline{\iiint_{\tau_0}(\dfrac{\partial W}{\partial \tau}).d\tau} \;=$

$\overline{\iiint_{\tau_0}(\varepsilon_0.(\overrightarrow{E_0})^2+\mu_0.(\overrightarrow{H_0})^2).d\tau_0} = \overline{\iiint_{\tau_0}\left[\varepsilon_0.(E_{0x}^2+E_{0y}^2+E_{0z}^2)+\mu_0.(H_{0x}^2+H_{0y}^2+H_{0z}^2)\right]d\tau_0}$

(15)

(expression de l'énergie de tous les champs électromagnétiques contenus dans la particule).

Or, en comparant (15) à (12), on ne trouve pas la même expression.

D'après l'auteur de la *théorie synergétique*, cela prouve que les transformations de Lorentz "*conduisent ... à des résultats erronés quand aux énergies propres des milieux eux-mêmes*", bien qu'elles donnent "*des résultats statistiquement valables relativement aux variations d'énergie, et à la distribution des champs électromagnétiques, vus de l'extérieur et à distance des corps matériels*" [27].

---

[27] C.f. "*L'énergie électromagnétique, matérielle et gravitationnelle*" page 17.

5.3   *Explication synergétique de la gravitation*

1) En Synergétique, on démontre que, si la vitesse de la lumière varie (même faiblement), il se crée des champs de gravitation appréciables.

Démonstrations :

Imaginons l'espace rempli d'une infinité d'ondes électromagnétiques :
La quantité de mouvement totale sera :

$$(\frac{\partial \vec{p}}{\partial \tau}) = \sum_{n=0}^{\infty} (\frac{\partial \vec{p}}{\partial \tau})_n \quad (15b), \quad \text{avec } (\frac{\partial \vec{p}}{\partial \tau})_n \text{ quantité de mouvement de chaque onde.}$$

Or $(\frac{\partial \vec{p}}{\partial \tau}) = \frac{\partial(m.\vec{v})}{\partial \tau} = \frac{\partial m}{\partial \tau}.\vec{v} = \frac{\rho}{U_s}.\vec{v}$ (16)   (v peut être égal à c).

En vertu de l'hypothèse (c) (§1).

D'après les équations de Maxwell, on démontre qu'on peut faire dériver la *quantité de mouvement* d'un *potentiel scalaire* U_n :

$$(\frac{\partial \vec{p_n}}{\partial \tau}) = - \overrightarrow{grad}(U_n) \quad (17)$$

dans ce cas, alors $\rho_n = \frac{\partial W_n}{\partial \tau} = \frac{\partial U_n}{\partial t}$ (18)   (voir annexe 1).

Donc de (17), on obtient $\frac{\partial}{\partial t}(\frac{\partial \vec{p_n}}{\partial \tau}) = - \overrightarrow{grad}(\sum_{n=0}^{\infty} \frac{\partial U_n}{\partial t})$ (17b)

(H) On fait une hypothèse supplémentaire en supposant que la densité de matière

$\rho_m = \frac{\rho}{U_s}$ (19)   est constante même si ρ et U_s varient.

De (16) et (17b) on tire : $\vec{\gamma}_g = \frac{\partial \vec{v}}{\partial \tau} = - \overrightarrow{grad}(\sum_{n=0}^{\infty} \frac{\partial U_n}{\partial t})$

Car $\frac{\partial}{\partial t}(\frac{\partial \vec{p}}{\partial \tau}) = \frac{\partial \vec{v}}{\partial t}(\frac{\rho}{Us}.\vec{v}) = \rho_m.\frac{\partial \vec{v}}{\partial \tau} = - \overrightarrow{grad}(\sum_{n=0}^{\infty} \frac{\partial U_n}{\partial t})$

Mais comme on a (18), alors $\vec{\gamma}_g = - \overrightarrow{grad}(\frac{\rho}{\rho_m})$ (20)

Car la densité d'énergie totale du milieu est égale (en 1ère approximation) à la somme des densités d'énergie de chaque onde électromagnétique, qui le constitue.

En vertu de (19), (20) devient $\vec{\gamma_g} = -\overrightarrow{\text{grad}}(U_s)$ (21)

Mais si on pose $U_s = c^2$ (voir annexe 1, en considérant la formule (12 bis).

Donc
$$\boxed{\vec{\gamma_g} = -\overrightarrow{\text{grad}}\,(c^2)}$$
(22).

5.4 Une perturbation du potentiel synergétique se propage à la vitesse de la lumière

(en 1ère approximation)

Le théorème de *Poynting* (voir en annexe) nous dit que (et si l'on considère les variations de c^2 faibles) :

$$\text{div}(\frac{\overrightarrow{\partial p_n}}{\partial t}) \# -\frac{1}{c^2}\cdot\frac{\partial W_n}{\partial \tau}$$
(23)   (voir annexe 1)

donc $\text{div}(\frac{\overrightarrow{\partial p}}{\partial t}) \# -\frac{1}{c^2}\cdot\frac{\partial \rho}{\partial \tau}$ (en effectuant une somme)

en supposant l'hypothèse (19) vraie dans le milieu, on obtient :

$$\text{div}(\vec{\gamma_g}) \# -\frac{1}{c^2}\cdot\frac{1}{\rho_m}\frac{\partial^2 \rho}{\partial t^2}$$

ou encore $\text{div}(\vec{\gamma_g}) \# -\frac{1}{c^2}\cdot\frac{\partial^2 U_s}{\partial t^2}$ (24)

on obtient
$$\boxed{\Delta U_s \# \frac{1}{c^2}\cdot\frac{\partial^2 U_s}{\partial t^2}}$$
(25).

comme les variations de c sont faibles, distance des corps matériels, comme nous le verrons page suivante :

$$\boxed{\Delta U_s \approx \frac{1}{c_0^2}\cdot\frac{\partial^2 U_s}{\partial t^2}}$$

Où **c_0** est la vitesse de la lumière dans un milieu vide de masse. (En général, en synergétique, on **c_0** désigne la vitesse de la lumière loin des galaxies et des masses).

5.5 Explication de la gravité

(H) En Synergétique, ce sont les variations du potentiel synergétique qui sont à l'origine des accélérations de gravitation.

Une masse M provoque la variation de *potentiel synergétique* suivant (voir ci-après) :

$$\Delta c^2 = c_0^2 - c^2 = \frac{G.M}{R}$$ (27), avec G = constante de l'attraction universelle, R = distance au centre de la masse.

En faisant $\vec{\gamma_g} = - \overrightarrow{grad}\,(c^2)$ on retrouve $\vec{\gamma_g} = -\frac{G.M}{R}.\vec{u}$

Remarque1 : en calculant ΔC pour la terre et le soleil, en posant R égal au rayon de l'astre, on trouve respectivement : 5 micromètres / seconde et 0,10 mètres / seconde. C'est à dire des variations non mesurables actuellement avec les appareils dont on dispose.

Selon M. Vallée, « *les forces de gravitation sont en un 1/r², du fait des pressions radiantes d'énergie d'espace qui entourent les particules. […] Du fait de l'équilibre des pressions de " peau ", la particule en constante interaction avec son environnement échange de l'énergie avec l'espace. Cette énergie présente nécessairement une forme radiante dont la densité d'énergie est inversement proportionnelle à son angle solide, et décroît donc suivant une formule en 1/4πr²* » [28].

5.6   Avance du périhélie de la planète Mercure

En astronomie, nous savons que le grand axe de l'ellipse de l'orbite de Mercure avance de 43 secondes d'arc / siècles.

Monsieur Surdin, en supposant que les ondes de gravitation se propagent à la vitesse de la lumière, a démontré que la vitesse approximative de précession du périhélie était donnée par la formule :

$$\alpha = \frac{5}{2}\frac{G^2.M^2}{h^2.c^2}$$ (28), avec $h = r^2.\frac{\partial \theta}{\partial t}$ = double de la *vitesse aréolaire* de la planète

(voir la démonstration, dans l'annexe II).

La relativité générale trouve une vitesse de : $\alpha = 3.\frac{G^2.M^2}{h^2.c^2}$ (29)

Selon M. Vallée, la différence entre les deux formules est nettement incluse dans les erreurs de mesure de cette avance.

5.7   Déviation des rayons lumineux dans un champ de gravitation

Nous avons vu que c^2 est donné par : $c^2 = c_0^2 - \frac{G.M}{R}$

Donc à un potentiel c^2, on peut associer un indice de réfraction tel que :

$$n = \frac{c_0}{c} = \frac{1}{\sqrt{1 - \dfrac{G.M}{c_0^2.R}}} \approx 1 + \frac{1}{2}.\frac{G.M}{c_0^2.R}$$ (30)

avec cet indice, on trouve, par le calcul, une déviation des rayons lumineux de

---

[28] http://franckvallee.free.fr/localhost/plain/documentation/introduction_fr/introduction_fr6.html . Là encore nous sommes dans le domaine de l'intuition, … pas de la preuve.

$$\delta = \frac{G.M}{c^2.R} \text{ radians} \quad (31).$$

La relativité générale [29], elle, trouve un indice de réfraction :

$$n = \frac{c_0}{c} = 1 + 2.\frac{G.M}{c_0^2.R} \quad (31) \qquad \text{et une déviation de} \qquad \delta = \frac{4.G.M}{c^2.R} \quad (33).$$

Le résultat donné par la relativité est très proche du résultat expérimental de 1,75" d'arc. Selon R.L. Vallée, "*Pour un rayon rasant la surface du soleil, la relativité fournit une déviation de 1,75" d'arc, due à la gravitation, et est très voisine de la déviation mesurée expérimentalement; ce qui ne laisse aucune place pour la déviation supplémentaire occasionnée par l'indice de réfraction de l'atmosphère constituant la couronne solaire. La déviation due à la gravitation solaire est d'environ 0,45" d'arc, pour 1,3" due à la couronne*" [30]. Selon cette hypothèse, cet effet de l'indice de réfraction de l'hydrogène [31] de la couronne solaire serait semblable à l'effet produisant des mirages à cause d'une différence d'indice de réfraction de l'air sous l'effet de différence de température à différentes altitudes.
Cette hypothèse de M. Vallée est risquée. Car une partie de sa démonstration repose sur cette affirmation. Malheureusement, à aucun moment cette dernière est étayée par une preuve.

L'astronome Emile Argence de l'Observatoire de Marseille avait montré en 1944 _ *en supposant à une distance 1,2 fois le rayon du soleil, soit une distance de 3'' du bord solaire, qu'il n'y a plus qu'un gaz d'électron* _ que la déviation d'angle Φ (en radian) due à l'indice de réfraction du gaz d'électron de la couronne, était de $\Phi = 6''{,}5.10^{-10}$, négligeable par rapport à l'effet Einstein [32]. Il faudrait donc encore faire le même calcul mais pour le gaz de proton (gaz d'hydrogène ionisé) entourant la couronne solaire.

---

[29] Albert Einstein, « *La théorie de la relativité restreinte et générale* », Gauthier Villars, 1971. « *Cet indice, considéré comme une commodité de calcul, est d'ailleurs un problème pour la relativité générale car elle considère pourtant **c** comme constant.* ».

[30] « *Tableau comparatif relativité restreinte et générale & théorie synergétique* », Ed. Seped, page 8.

[31] L'indice de réfraction de l'hydrogène gaz, non ionisé, en lumière blanche, à la pression de 760 Torrs, à la température de 0 °C est de : 1,000137, selon le « *Nouveau traité de chimie minérale* », Tome 1, Paul Pascal, Masson, 1956. La température de la surface du Soleil est d'environ 6000 °K, mais la température de la couronne est, elle, de plus de 2 000 000 °K (on explique cette anomalie par l'hypothèse la plus souvent retenue qui fait intervenir la théorie de la turbulence dans le cadre de la magnétohydrodynamique.. Plus précisément, on parle de reconnexions des lignes de champs magnétiques. La torsion des lignes de champs provoquerait une concentration d'énergie magnétique, un peu comme l'accumulation d'énergie dans un élastique tordu. L'emmêlement complexe des lignes de champs, tordus et enroulés de façon très complexes, se dénouerait brutalement, pour atteindre une configuration plus stable, et l'énergie libérée se communiquerait rapidement aux particules du plasma en les accélérant. Le résultat final, outre de produire des éruptions solaires et des éjections de masse coronale (CME), serait de chauffer la couronne aux grandes températures mises en évidence en 1943 par l'astronome suédois Bengt Edlen. Forme des champs magnétiques et turbulences du plasma seraient liées) Source :Leon Golub, Harvard-Smithsonian Center for Astrophysics, http://www.futura-sciences.com/fr/sinformer/actualites/news/t/astronomie/d/le-mystere-de-la-couronne-solaire-enfin-resolu-grace-au-satellite-hinode_10574/

[32] Source : *Calcul de la déviation d'un rayon lumineux par réfraction dans la couronne solaire*, Emile Argence, Journal des Observateurs, Vol. 27, p.21, N°3-4, Mars-avril 1944. http://articles.adsabs.harvard.edu/cgi-bin/nph-iarticle_query?1944JO.....27...21A&data_type=PDF_HIGH&type=PRINTER&filetype=.pdf

Notes de l'auteur de cet opuscule :

1) Selon le chercheur Jean Gréa de l'Institut de Physique Nucléaire de Lyon, consulté, l'indice de réfraction de l'hydrogène de couronne solaire serait très faible _ car cet hydrogène est avant tout un plasma très dissocié (un gaz très ionisé) _, raison pour laquelle on n'en aurait jamais tenu compte, dans les calculs de la relativité générale [33].

2) En supposant même, qu'il y ait une influence de l'indice de réfraction de l'hydrogène ionisé de la couronne solaire, sur la déviation des raisons lumineux, on devrait alors peut-être observer une dispersion du rayon lumineux, comme celle qu'on observe par exemple avec un prisme. L'angle de la déviation d'une rayon lumineux, du à l'indice de réfraction de l'hydrogène, devrait donc être légèrement différent, selon sa fréquence (sa couleur) [34]. Or il ne semble que rien de tel n'ait été observé jusqu'ici (selon l'auteur de ce document).

3) En supposant que l'influence de cet indice de réfraction existe, son calcul sera de toute façon très compliqué, à cause a) de la décroissance de la pression du gaz hydrogène avec l'éloignement du soleil, dans la couronne solaire, b) de l'influence des vents et éruptions solaires et des ondes et variations de pression du gaz [35] et c) du fait qu'on n'a plus affaire à un gaz froid mais un gaz très chaud, très fortement dissocié et *qu'on ne connaît justement pas l'indice de réfraction d'un tel gaz ou la variation de l'indice de réfraction selon son taux de dissociation.*

4) la démonstration de la déviation de Monsieur Surdin est quant à elle entachée d'une erreur importante, c'est que les simplifications faites pour $| v | << c$ ne peuvent être faites pour $| \vec{V} | = c$ (note de l'auteur de cet exposé. Voir ce problème en annexe II).

Remarque à propos du ralentissement des ondes électromagnétiques au voisinage du soleil

« *Les expériences faites par Shapiro en 1965* [36] *prouvent non seulement que les rayons lumineux sont déviés par les masses, mais que la lumière est ralentie par les masses. Ce que prévoit la relativité. Einstein le savait depuis 1916, puisqu'il a écrit lui-même que les rayons lumineux étaient ralentis au voisinage des masses. Mais en relativité, on considère que c'est une apparence dans le référentiel dans lequel on la mesure. Mais de toute manière, c'est une mesure qui a été faite et qui monte indiscutablement que la vitesse des ondes électromagnétiques est ralentie au voisinage du soleil. Donc, c'est bien en accord avec le potentiel de gravitation égal à la vitesse de la lumière au carré* c^2 » [37].

5.8   Effet Mössbauer et décalage vers le rouge

Curieusement dans son ouvrage, Monsieur Vallée semble confondre a) le phénomène cosmologique universel de **décalage vers le rouge** (ou *redshift*), lié au Big Bang (selon les théories actuelles), ou b) le décalage vers le rouge d'un photon émis par une étoile, du à un effet gravitationnel et c) l'effet **Mössbauer**, de décalage des fréquences dans un milieu matériel (en général cristallin, chimique etc …) [38].

---

[33] L'indice de réfraction de l'hydrogène par rapport à l'air est de 1,000 132, à pression atmosphérique standard et en lumière visible selon http://www.ac-versailles.fr/etabliss/herblay/briques/fr/fr_h.htm

[34] L'indice de réfraction de l'air pour la lumière visible est de : **n** = 1.00029. Pour une longueur d'onde de 620 nm, à une pression de 760 mmHg (ou 1013 hPa, pression atmosphérique à 0 m d'altitude), on trouve un indice de réfraction de l'air de : **n** = 1.000305 (http://www.as.ysu.edu/~mcrescim/presentations/interferometertalk/michelson4.html).

[35] La première description théorique de la diffraction acousto-optique a été donnée par Brillouin _ Brillouin, L., *Diffusion de la lumière et des rayons x par un corps transparent homogène influence de l'agitation thermique.* Annales de Physique, 17:88–122., 1922.

[36] L. Shapiro, « *Radar observation of the planets* », Scientific American 219, 1.

[37] René-Louis Vallée, conférence sur la Synergétique au CEA à Saclay, Février 1977.

Rappels sur l'effet **Mössbauer**

Dans le cas du phénomène d'absorption-réémission (résonante ici) d'un photon par un atome, la loi de conservation d'énergie-impulsion des deux phénomènes successifs mène à une modification de l'énergie (via la fréquence) du photon émis. En physique nucléaire, les noyaux sont susceptibles de tels phénomènes (absorption d'un photon avec passage d'un état fondamental à un état excité). **Cependant ces noyaux sont souvent en condition de matière solide (cristallisée, par ex) et le noyau ne peut être considéré comme isolé.** La conservation de l'énergie-impulsion ne concerne plus le seul couple photon-noyau, mais l'ensemble photon-noyau-**matrice** (matrice du réseau cristallin). (Ceci constitue l'**effet Mössbauer**, qui a valu le prix Nobel de physique, en 1961, à son découvreur, Rudolf Ludwig Mössbauer).

Rappels sur le décalage universel vers le rouge des raies spectrales émises par les étoiles

Le **décalage vers le rouge** ou *redshift* est un phénomène astronomique de décalage vers les grandes longueurs d'onde des raies spectrales et de l'ensemble du spectre – ce qui se traduit par un décalage vers le rouge pour le spectre visible – observé parmi les objets astronomiques lointains. C'est un phénomène bien documenté et *il est considéré comme la preuve de l'expansion de l'univers et du modèle cosmologique* du Big Bang. Plus l'étoile est éloignée de la Terre plus son spectre est décalé vers le rouge.
Le terme est également employé pour la notion plus générale de décalage spectral, soit vers le rouge, soit vers le bleu (*blueshift*), observé parmi les objets astronomiques selon qu'ils s'éloignent ou se rapprochent, indépendamment du mouvement général d'expansion. Dans cette dernière acception, il est synonyme d'effet Doppler-Fizeau [39].

Décalage vers le rouge d'un photon émis par une étoile, du à un effet gravitationnel

Plus une étoile est pesante, plus les raies spectrales des photos émis par cette étoile sont décalées vers le rouge (selon les prévisions et résultats de la relativité générale).

Selon M. Vallée, « L'étude synergétique » du photon (voir page 19 de cet opuscule) montrerait qu'il existe une relation entre la constante de planck **h** et la vitesse de la lumière tel que **h** = K.**c** (avec K pouvant être considérée comme une constante en première approximation, bien qu'en Synergétique il n'existe pas de constante universelle).
En vertu du « principe de conservation de la synergie », l'énergie du photon se conserve donc (voir ci-après) :

$$W = h_0 . \left(\frac{c_0}{\lambda_0} \right) = h_1 . \left(\frac{c_1}{\lambda_1} \right) \quad (34),$$

où h_0 constante de Planck dans le milieu où $U_s = c_0^2$

et h_1 constante de Planck dans le milieu où $U_s = c_1^2$.

d'où l'on tire : $\dfrac{\lambda_1}{\lambda_2} = \dfrac{c_1^2}{c_0^2} = \dfrac{U_{s1}}{U_{s2}}$ (35).

En différentiant (35), on trouve : $\boxed{\dfrac{\Lambda\lambda}{\lambda} = \dfrac{\Delta c^2}{c_0^2} = \dfrac{\Delta U_{s1}}{c_0^2} = \dfrac{\Delta V}{c_0^2}}$ (36).

---

[38] Voir page 105,du livre « *L'énergie électromagnétique, matérielle et gravitationnelle* » (Ed. Masson), de M. Vallée.
[39] Source Wikipedia : *Décalage vers le rouge* : http://fr.wikipedia.org/wiki/D%C3%A9calage_vers_le_rouge

(comme ΔU_s est égal à la différence de potentiel de gravitation ΔV).

Comparons à la formule de la relativité générale : $\dfrac{\Lambda\lambda}{\lambda} = \dfrac{\Delta V}{c_0^2}$ (37) [40].

Il semblerait donc que cette démonstration concerne le *décalage vers le rouge d'un photon émis par une étoile, du à un effet gravitationnel.*

Décalage cosmologique universel vers le rouge (ou *redshift*) lié au Big Bang

On ne trouve pas vraiment dans les écrits de M. Vallée, d'explication du phénomène de *décalage cosmologique universel vers le rouge* (ou redshift) (phénomène à distinguer du *phénomène de décalage vers le rouge gravitationnel d'un photon émis par une étoile.*).
Ce que l'on sait que est que M. Vallée a été, durant ses études, l'élève de Louis de Broglie. Il s'est, d'ailleurs, à plusieurs reprises, réclamé comme le fils spirituel de ce dernier. Or Louis de Broglie [41] n'a jamais admis la *théorie du Big Bang* ou de *l'expansion cosmologique de l'univers.* Au contraire, il soutenait l'hypothèse de la « *fatigue de la lumière* » [42] [43]. M. Vallée a peut-être soutenu cette hypothèse, soutenue par Louis de Broglie, mais nous n'en avons la certitude.

5.9   Aspects cosmologiques de la Synergétique

5.9.1   Quasars

La relativité [44] donne la formule $\dfrac{\partial W}{\partial \tau} = -\dfrac{1}{8.\pi.G}.(\gamma)^2$ (38) pour la densité d'énergie de gravitation. La « théorie synergétique », elle, donne $\dfrac{\partial W}{\partial \tau} = \rho = K - \dfrac{1}{8.\pi.G}.(\gamma)^2$ (39).

où K est une constante d'intégration assimilable à la densité d'énergie du milieu diffus vide de matière (Voir démonstration annexe 1).
Donc, pour Monsieur Vallée, les champs de gravitation ont une limite, comme pour le champ électrique : $\overrightarrow{\gamma_g} = 2.\sqrt{2.\pi.K.G}$ (40).

"*Il n'est pas impossible qu'à la surface de certaines étoiles, γ_g se rapproche de γ_{g0}. Alors les forces de gravitation doivent disparaître soudainement pour réapparaître ensuite créant ainsi, par relaxation, dès oscillations entretenues. Le potentiel de gravitation et, par conséquent, la vitesse de propagation, étant presque nuls dans leur voisinage, ces astres .doivent être obscurs et n'émettre que des signaux électromagnétiques de très grande longueur d'onde ramenée à l'espace énergétique diffus*" [45]. Ce serait l'explication des Quasars.

---

[40] Voir page 105, du livre « *L'énergie électromagnétique, matérielle et gravitationnelle* » (Ed. Masson), de M. Vallée.

[41] tout comme a) Jean-Claude Pecker, astrophysicien, membre de l'Académie des sciences, qui l'a soutenu en 9181 (c.f. "*Point de vue sur la cosmologie*", Conférence de Jean-Claude Pecker, organisée par la SAF, dans ses locaux rue Beethoven, Paris, le samedi 20 novembre 2004), b) Jean-Pierre Vigier, directeur de Recherche au Cnrs, physicien, élève et fils spituel, de Louis de Broglie …

[42] Le physicien Finlay Freundlich appuyé par Max Born a introduit la notion de **"fatigue" de la lumière** : en voyageant dans l'espace, la lumière interagit et perd de l'énergie, elle se fatigue. Selon cette conjecture, il est alors logique de penser que cette perte est proportionnelle à la distance. C'est cette philosophie que défend l'astrophysicien Jean-Claude Pecker. Celui-ci est plutôt pour un Univers permanent et infini qui n'a ni début ni fin et préfère donc également envisager une "fatigue" de la lumière.

[43] Louis de Broglie soutenait l'idée d'un « éther cosmique », rempli d'ondes électromagnétiques, et de la « fatigue » de la lumière lors de son parcours dans celui-ci

[44] « *Théorie des champs* », Landau, Editions de Moscou, page 438.

[45] R.L. Vallée, « *L'énergie électromagnétique, matérielle et gravitationnelle* », page 97.

5.10 Forme spirale, nova, supernova et historique des galaxies

"*Les galaxies ne tournent pas dans le sens de ses bras, comme le soleil des feux d'artifice. Elles tournent en sens inverse, car l'énergie diffuse qui s'engouffre, tourne dans le sens du tourbillon, le bon sens, tandis que les bras, zone de concentration ou d'énergie (les vagues, si vous voulez) sont perpendiculaires en sens de déplacement de l'énergie. Et, normalement, les étoiles jaunes, la formation de la terre se fait dans les bras de-la galaxie et les étoiles vieilles sont des étoiles de noyau. Les étoiles tombent vers le centre de la galaxie. Elles tombent progressivement parce qu'il y a un tourbillon qui les entraîne et avec une concentration de plus en plus grande de masse. A l'apparition de matière, il y a implosion, aspiration d'énergie lorsque les nappes disruptives se forment [46] et une implosion beaucoup plus forte que celle due à la différence de densité gravitationnelle. Plus la matière se forme, plus il y a aspiration dans la zone de création. Il existe des zones où l'énergie diffuse se concentre suivant des bras spirales perpendiculaires aux bras spirales de sa trajectoire où elle s'engouffre. Et il va y avoir création de matière, parce que c'est là où le champ électrique va avoir le plus de chance d'atteindre sa valeur limite. Il y a création de photon cosmique et - par séparation de paire [47] - matérialisation, concentration par effet gravitationnel, création d'énergie (due d'ailleurs à l'énergie diffuse par tassement, et, à ce moment-là, cette énergie-qui va se traduire par `énergie cinétique-va amorcer - s'il s'agit des éléments légers, en particulier l'hydrogène (c'est le plus abondant, car possédant le pic le plus élevé [48]) - la réaction. Il y a création d'une étoile. Par concentration, il va y a voir une remontée de la radioactivité, une déflagration, puis une étoile à neutron. Puis après, elle explose, car la matière n'est plus stable. La densité d'énergie diffuse n'est pas suffisante pour maintenir la cohésion de cette étoile et elle va donner une nova (H). Et quand la galaxie se concentre, elle va donner une super nova*" [49] [50].

" *...l'énergie diffuse, constitue certainement, tout à la fois, la structure, l'essence, le substrat de notre univers physique où, dans un dynamisme souverain, la matière tour à tour s'engendre et se détruit sans fin*" [51].

Remarque : La théorie ne sait comment calculer cette densité d'énergie ρ_0 dans le vide de la matière. Par la formule (39), elle ne peut en donner que des ordres de grandeur.

La différence de densité entre la terre et le soleil est :

45 000 Milliards de Joules/M3

et la différence de densité entre la surface de la terre et le milieu interstellaire est de :

57 000 Millions de Joules/M3.

---

[46] voir page 22 de cet opuscule.

[47] Voir chapitre 3, page 7, de cet opuscule.

[48] Voir chapitre ???, page 33, de cet opuscule.

[49] Débats et questions terminant la Conférence de Saclay, de 1977.

[50] Publication :"*La synergie des noyaux et la radioactivité*" - de la S.E.D.E.P. p19.

[51] Conférence de M. R. L. Vallée, sur la théorie Synergétique, à l'Université de Lyon, 11 Mai 77.

<u>Note de l'auteur de cet opuscule</u> :

Quelle est la nature de cet océan d'énergie cosmique qui crée la matière ? Selon certains écrits de M. Vallée, il serait constitué d'une énorme densité d'énergie électromagnétique, rayonnant dans tous les sens.

Or si l'espace était rempli d'ondes électromagnétiques, d'une densité d'énergie colossale, comment se fait-il que le fond de l'espace (dans l'univers) *ne soit pas extrêmement lumineux* au lieu d'être noir comme actuellement. C'était justement l'interrogation de Kepler, si l'on supposait que l'espace était infini, éternel et rempli d'une infinité d'étoiles. C'est aussi le paradoxe d'Olbers. Or c'est justement la théorie du Big bang, qui a mieux expliqué pourquoi le fond du ciel est noir et qu'il est rempli d'un faible rayonnement lumineux plus ou moins *isotrope* correspondant au *rayonnement du corps noir* à 2,7° Kelvin [52].

5.11 Formule de l'accélération centrifuge relativiste

a) Prenons, par exemple, un vaisseau spatial, de *masse énorme* (ou un astéroïde) de manière à ce que l'entraînement de milieu soit appréciable. Par rapport à un référentiel $\mathcal{R}_{ext}$ associé au milieu interstellaire [53] dans lequel se déplace le vaisseau 0 une masse à l'intérieur du vaisseau aura son énergie - sa synergie - qui sera donnée par

$$(41) \quad (S)_{\mathcal{R}_{ext}} = (m.\,U_s))_{\mathcal{R}_{ext}} = \frac{m_0}{\sqrt{1-\dfrac{v^2}{c_0^2}}} \cdot (U_s)_{\mathcal{R}_{ext}} = \frac{m_0.c_0^2}{\sqrt{1-\dfrac{v^2}{c_0^2}}} \quad \text{(voir 12 bis)}$$

par contre, si on se place dans le vaisseau, la masse m_0 n'aura pas varié, elle ne sera pas accrue, elle sera toujours $= m_0$.

Comme la synergie de cette masse doit rester constante (en vertu de l'hypothèse (e) §1), c'est le potentiel synergétique à l'intérieur du vaisseau qui doit varier. Et le potentiel synergétique à l'intérieur du vaisseau n'est plus celui dans le milieu interstellaire :

$$(S)_{\mathcal{R}_0} = (m.\,U_s))_{\mathcal{R}_0} = m_0.\,(U_s)_{\mathcal{R}_0} \quad (42).$$

mais comme $(S)_{\mathcal{R}_0} = (S)_{\mathcal{R}_{ext}}$ cela donne $(U_s)_{\mathcal{R}_0} = \dfrac{(U_s)\,R_{ext}}{\sqrt{1-\dfrac{v^2}{c^2}}}$ (43)

ou $\mathcal{R}_0$ est le référentiel associé au vaisseau.

En conclusion (cette remarque étant valable aussi pour une particule), la vitesse de la lumière augmente pour un observateur entraîné par un corps solide en mouvement [54].

b) Si l'on prend maintenant un corps en rotation, son potentiel synergétique s'accroîtra par la formule :

$$(U_s)_{\mathcal{R}_0} = \dfrac{(U_s)\,R_{ext}}{\sqrt{1-\dfrac{\omega^2.r^2}{c^2}}} \quad (44)$$

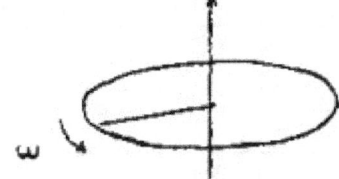

"*car le corps peut être considéré comme un milieu quasi-stationnaire*" [55]

w : vitesse angulaire de rotation
r : rayon de l'orbite

---

[52] « *Retour sur le paradoxe d'Olbers* », http://www.planck.fr/article383.html
[53] Référentiel, par rapport auquel, le milieu interstellaire ou « *diffus* » est à *inertie stationnaire* (voir page 6 de ce document).
[54] Ibid. "*Tableau comparatif*" (Édition SEPED) page 4.

mais comme une accélération de gravitation c'est $-\overrightarrow{grad}(Us)$ et par application du

principe d'Alembert : $\overrightarrow{\gamma i} + \overrightarrow{\gamma g} = \overrightarrow{0}$ (45)

où $\overrightarrow{\gamma i}$ = accélération d'inertie

et $\overrightarrow{\gamma g}$ = accélération de gravitation

$\overrightarrow{\gamma i}$ est donné par $+ \overrightarrow{grad}(Us)$

donc $(\overrightarrow{\gamma i})_{\mathcal{R}0} = \overrightarrow{grad}_{R_0}\left(\dfrac{(Us)\,R_{ext}}{\sqrt{1-\dfrac{\omega^2.r^2}{c^2}}}\right)$, mais comme $(U_s)_{\mathcal{R}0} = c_0{}^2$ (12 bis)

$$\boxed{(\overrightarrow{\gamma i})R_0 = \dfrac{\omega^2.r}{(1-\dfrac{v^2}{c_0{}^2})^{3/2}}.\overrightarrow{grad}_{R_0}(r) = \dfrac{\omega^2.r}{(1-\dfrac{v^2}{c_0{}^2})^{3/2}}.\vec{u}}\ \ (46)$$

comme il n'y a ni contraction de longueur et de temps, en *synergétique* :

$(\overrightarrow{\gamma i})_{\mathcal{R}0} = (\overrightarrow{\gamma i})_{\mathcal{R}ext}$.   C'est la même formule qu'en relativité.

5.12   Effet Čerenkov & apparition de particules étranges

Imaginons qu'une particule, se déplaçant à une vitesse proche de la vitesse de la lumière, dans un milieu de potentiel U_{s0} (par exemple $c_0{}^2$), arrive subitement dans un milieu de potentiel inférieur U_{s1} [56].

La variation ΔS de la particule est nulle, mais sa variation de potentiel ΔU_s ne sera pas nulle, donc : $S = m.\,U_s$ donne $(\Delta S) = (m.\,\Delta c^2) + (\Delta m.\,c^2) = 0$ (47)

Donc comme Δc^2 est négatif, il y aura apparition de matière mais sous forme de particules étranges (Pions, Kaons, etc. ... cela dépendra de la valeur de A m.c²) _ pour de fortes énergies _ ou de fortes discontinuités ou un rayonnement _ pour de faibles énergies .

Cette apparition se fera sans que la particule incidence n'ait inter-réagi avec les atomes du milieu 1.

---

[55] Avant dernière réponse de Monsieur Vallée dans le débat organisé après la conférence donnée en 1977 à Saclay (voir plus haut).

[56] Monsieur Vallée suppose que, dans un milieu de potentiel $(U)_s$ quelconque, "*la valeur de la vitesse de la lumière n'est qu'une valeur statistique moyenne dépendant du milieu de propagation et ce milieu peut-être également défini comme celui dans lequel la propagation des ondes électromagnétiques est isotrope*". (page 10 du livre "*L'énergie électromagnétique, matérielle et gravitationnelle*").

« *Contrairement à la relativité, en synergétique, on peut dépasser la vitesse de la lumière, mais il faut le faire vite, car la particule rayonne et ralentit* » [57].

6   Conception synergétique des particules conception

6.1   *Conception synergétique du photon*

En synergétique, un photon est considéré comme une onde électromagnétique dont le champ électrique aurait atteint _ sur une partie de sa période _ le champ disruptif (i.e. le champ limite).

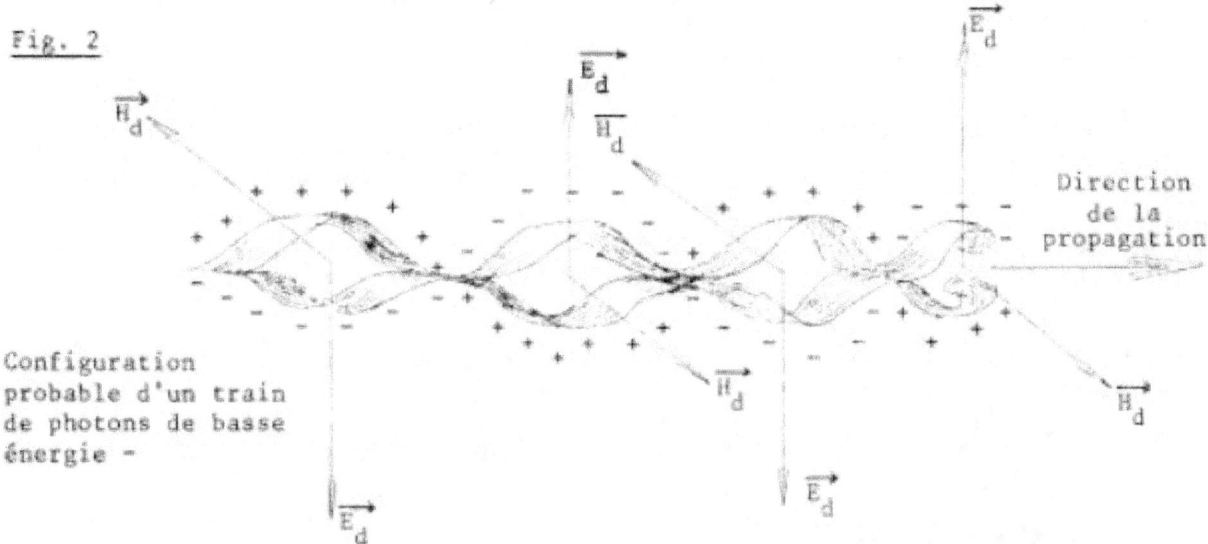

Fig2. « Configuration probable d'un train de photon basse énergie », selon M. Vallée [58].

Nous ne donnons ici, ci-dessous, qu'une "représentation", ne correspondant ni à la réalité, ni exactement à la démonstration de Monsieur Vallée dans son livre. Mais nous la livrons dans un but pédagogique [59].

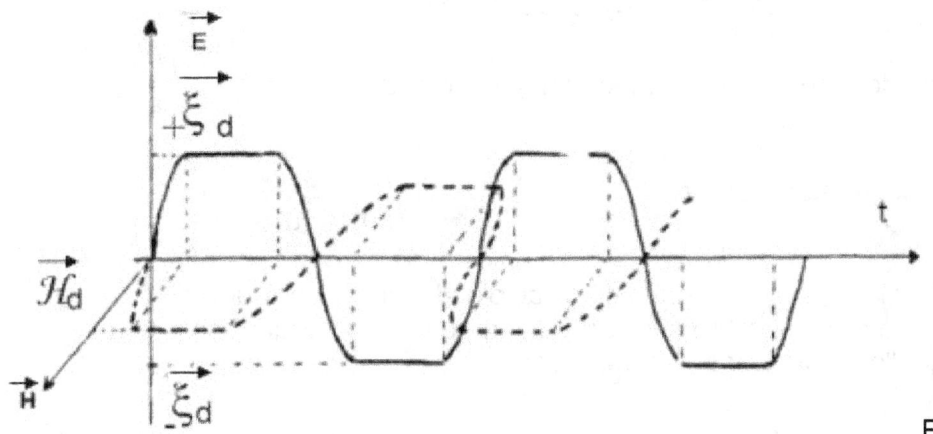

Figure 2

---

[57] Débat de la conférence donnée par Monsieur Vallée à Saclay en 1977 (voir plus haut).

[58] Cette figure est extraite d'une communication de M. Vallée sur sa conférence intitulée « *L'apparition de la matière* », du 24 juin 1972, dans le bulletin n°157, de juin 72, du Cercle de Physique Alexandre Dufour (4 rue Choron 75009 PARIS) (Fig2., page 32 dans ce bulletin).

[59] Il suffit de se reporter à la page 23 du livre "L'énergie électromagnétique, matérielle et gravitationnelle" pour y découvrir une démonstration plus précise. On peut trouver ce livre dans certaines bibliothèques universitaires françaises et à la BNF.

Sur la trajectoire de l'onde apparaît des *zones disruptives* (+q et - q) , en vertu de la *loi de matérialisation* qui permet "d'écréter" le champ E à la valeur limite :

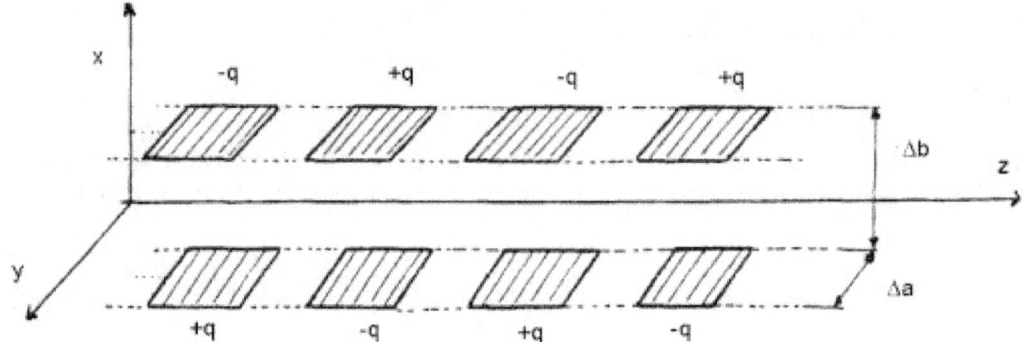

Figure 3

D'après cette représentation, on peut considérer le photon comme une onde qui créerait son propre guide d'onde (H) [60].

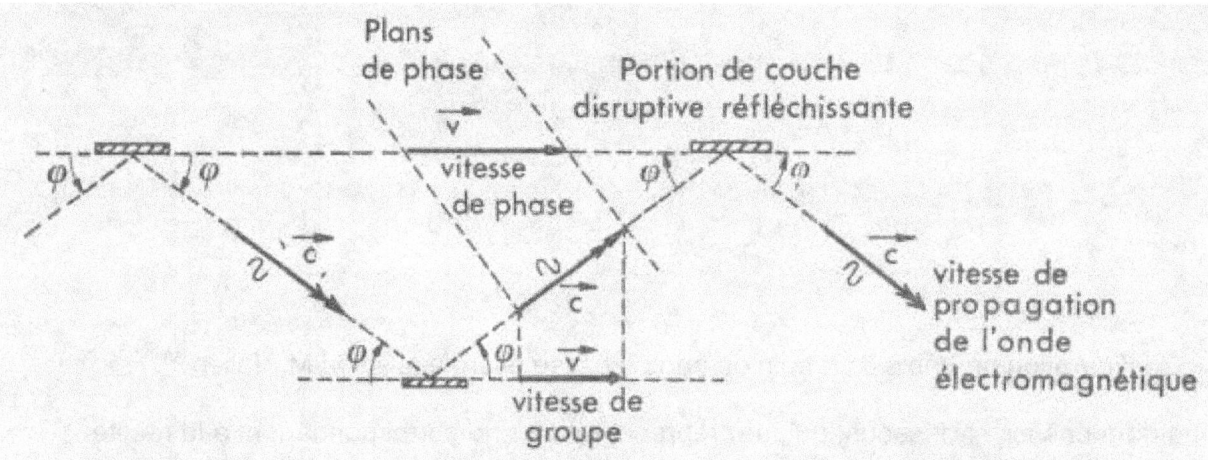

Figure 3 bis : Modèle du guide d'onde de l'électron selon R.L. Vallée : schéma simplifié montrant avec les guides d'onde, le trajet suivi par l'onde pilote associé à un électron, ainsi que la distribution des vitesses de propagation, de groupe et de phase. [61]

Les résultats du cours donnent une impédance du guide d'onde : $Z_0 = \dfrac{\Delta b}{\Delta a} \cdot \sqrt{\dfrac{\mu}{\varepsilon}}$ (47)

et une fréquence d'accord statistique moyenne : $\overline{\nu} = \dfrac{1}{2.\pi.\sqrt{L_m.C_m}}$ (48).

où L_m C_m sont la self et la capacité moyenne du guide d'onde et Δa largeur, et Δb hauteur (voir figure 3), du guide d'onde (si l'on considère qu'on peut associer une "self" et une capacité à ce « guide d'onde »). Dans ce cas, alors :

$Z_0 = \sqrt{\dfrac{L_m}{C_m}}$ (49) (voir cours sur les guides d'ondes).

---

[60] pour savoir ce qu'est un guide d'onde, voir cours INSA Lyon 5 GE - option Télécom.
[61] Figure 9, page 51,du livre « L'énergie électromagnétique, matérielle et gravitationnelle ».

L'énergie de la capacité est : $$W = \frac{1}{2}.\frac{Q^2}{C_m} = \varepsilon.\frac{\xi_d^2}{2}.\Delta\tau$$ (50), où $\Delta\tau$ volume de la partie disruptive ('c'est encore l'énergie électrique)

Mais comme Q = 2.q (car +q et - q sur la zone disruptive) donc W_e = (2.q/C_m) (50 bis) comme on le démontre avec les équations de Maxwell, ξ_d et $\mathcal{H}_d$ sont liés

par la relation $\sqrt{\varepsilon} . \xi_d = \sqrt{\mu} . \mathcal{H}_d$ (52)

donc l'énergie totale W, de la partie disruptive (où le champ $\vec{E}$ est égal à $\vec{\xi_d}$) est :

$$W = W_e + W_m = (\frac{\varepsilon.\xi_d^2 + \mu.H_d^2}{2}).\Delta\tau = (4.\ q^2/C_m)$$

La particule "photon" correspond à une longueur d'onde complète E

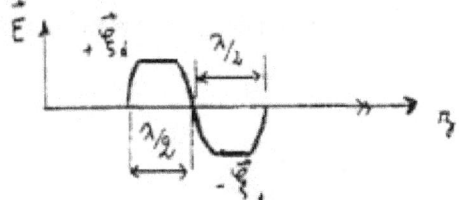

Figure 4

il y aura donc 2 zones disruptives dans le photon (H). Et son énergie W_t sera :
$W_t = 2.W = (8.\ q^2/C_m)$ (53)

Mais comme $\frac{1}{C_m} = \sqrt{\frac{L_m}{C_m}}.\frac{1}{\sqrt{L_m.C_m}}$ (54) alors $\frac{1}{C_m} = (2.\pi.\bar{\nu}).k.\sqrt{\frac{\mu}{\varepsilon}}$

Remarque : $\bar{\nu}$ n'est qu'une fréquence statistique moyenne. Cela veut dire que le photon ne correspond pas à une fréquence pure.
"... *Le photon ne possède aucune individualité. Son énergie ne peut correspondre à une fréquence pure, malgré l'hypothèse simplificatrice de la relation de quantification, car cela n'est possible que dans le cas d'ondes sinusoïdales à répartition continue et indéfinie. C'est cet aspect non sinusoïdal et discontinue du photon qui conduit à établir la relation d'incertitude*". page 32 du livre précédemment cité.

Et on obtient : $W = 8.\ \pi.\ k.\ \sqrt{\frac{\mu}{\varepsilon}} .\ q^2.\ \nu$ (56)

Si on pose : $h = 8.\ \pi.\ k.\ \sqrt{\frac{\mu}{\varepsilon}} .\ q^2$ (56bis)

finalement on trouve $h = h .\ \bar{\nu}$

Remarque 1 : En calculant

$$K = \frac{\Delta b}{\Delta a} = \frac{h}{8.\pi.q^2.\sqrt{\frac{\mu}{\varepsilon}}}$$

On constate numériquement que K = 2,720...
(nombre voisin du nombre exponentiel = 2,782 ...)

(H) Remarque 2 : Monsieur VALLÉE suppose, en constatant que les masses magnétiques ne semblent correspondre à aucune réalité physique, que u perméabilité peut être regardé comme une constante [62], donc h dépendrait de c pour une constante k ' (h = k ' . c avec k' = $8.\pi.k.\mu.q^2$) Le modèle du photon que donne Monsieur Vallée serait, "grossièrement", le suivant :

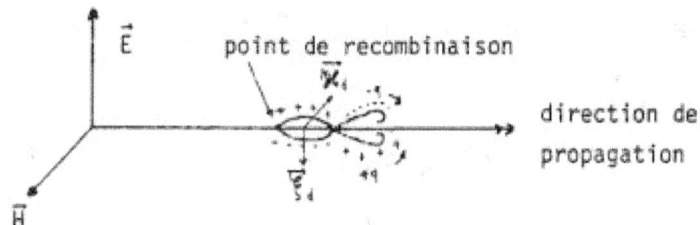

Figure 5

Remarque   La synergétique montre que ce modèle est en parfait accord avec les lois de l'optique - loi de DESCARTES [63], etc ...

6.2   Loi fondamentale de la mécanique ondulatoire

6.2.1   Hypothèses synergétiques sur les particules

(H) En synergétique, les particules sont considérées comme des zones de volume $\Delta\tau$ petit, constituées d'un ensemble d'ondes électromagnétiques et de surfaces disruptives de

surfaces où le champ E atteint sa valeur limite $\vec{\xi}_d$ entourant plus ou moins la zone disruptive $\Delta\tau$.

6.2.2   Action des champs électriques sur les zones divergentes

(H) Si l'on considère que l'énergie d'une particule se trouve concentrée en quasi totalité dans le volume $\Delta\tau$, sa synergie S_o peut s'écrire :

So = 1/2. $(\varepsilon.\xi_d^2 + \mu.\mathcal{H}_d^2).\Delta\tau_o$

La présence du champ ΔE entraîne une variation d'énergie [64] qui _ comme ξ_d et $\mathcal{H}_d$ doivent rester constant à l'intérieur du volume _ entraîne une variation du volume $\Delta\tau$.
Donc : S' = 1/2. $(\varepsilon.\xi_d^2 + \mu.\mathcal{H}_d^2).\Delta\tau$

---

[62] Voir page 64, 103 du livre « L'énergie électromagnétique, matérielle et gravitationnelle » de M. R.L.Vallée.
[63] Ibid, page 36.
[64] Pour le photon ce n'est qu'une fluctuation autour d'une valeur moyenne.

Comme la synergie d'une particule est invariante, la part d'énergie initiale, apportée par la particule, avant intervention du champ ΔE, reste la même que celle qu'on obtiendrait si l'on retranchait l'action du champ Δ, dans l'énergie de la particule ayant le volume $\Delta\tau$:

$$\text{So} = 1/2. \left(\varepsilon.(\overrightarrow{\Delta\xi_d} - \overrightarrow{\Delta E})^2 + \mu.\mathcal{H}_d^2\right). \Delta\tau = 1/2. \left(\varepsilon.\overrightarrow{\Delta E}^2 + \mu.\mathcal{H}_d^2\right). \Delta\tau_o$$

donc la variation d'énergie $S - S_o$ de la particule est :

$$S - So = \varepsilon.\left((\overrightarrow{\Delta\xi_d} . \overrightarrow{\Delta E})^2 - (\overrightarrow{\Delta E}/2)^2\right). = h. \Delta\nu \qquad (58) \ ^{65}$$

ou encore $(\Delta S/S) = (\Delta\nu/\nu) = \left((\overrightarrow{\Delta\xi_d} . \overrightarrow{\Delta E})^2 - (\overrightarrow{\Delta E}/2)^2\right) / \overrightarrow{\Delta\xi_d}^2\right)$ (59)

Si $\overrightarrow{\Delta E}$ est faible devant $\overrightarrow{\Delta\xi_d}$, il reste $(\Delta\nu/\nu) = (\overrightarrow{\Delta\xi_d} . \overrightarrow{\Delta E}) / \overrightarrow{\Delta\xi_d}^2$ (60)

si $\overrightarrow{\Delta E}$ et $\overrightarrow{\Delta\xi_d}$ sont colinéaires :
$$\boxed{\frac{\Delta\nu}{\nu} = \frac{\left|\overrightarrow{\Delta E}\right|}{\left|\overrightarrow{\xi_d}\right|}} \qquad (61)$$

6.3   Variation de fréquence d'une particule en mouvement

Nous savons que les formules de LORENTZ nous donnent des champs transverses, par le calcul : $\xi'_d = (\xi_d / \alpha) > \xi_d$ (62)

Pour empêcher ce dépassement (à cause de la limite du champ électrique), le milieu fournit un champ extérieur $\overrightarrow{\Delta E} = \overrightarrow{\xi'_d} - \overrightarrow{\xi_d}$ qui s'oppose au dépassement du champ $\overrightarrow{\xi_d}$, donc

(avec 61) on a :
$$\frac{h.\Delta\nu}{h.\nu_0} = \frac{\left|\overrightarrow{\Delta E}\right|}{\left|\overrightarrow{\xi_d}\right|} = \left(\frac{1}{\alpha} - 1\right) \qquad (63)$$

ce qui donne la formule fondamentale de la mécanique ondulatoire :

$$h.\Delta\nu = h.\Delta\nu_0.\left(\frac{\nu_0}{\sqrt{1-\frac{v^2}{c^2}}} - 1\right) = m_0.c^2.\left(\frac{\nu_0}{\sqrt{1-\frac{v^2}{c^2}}} - 1\right) \qquad (64)$$

d'où l'on tire :
$$\boxed{\nu = \frac{\nu_0}{\sqrt{1-\frac{v^2}{c^2}}}} \qquad (66)$$

---

^{65} On suppose que la particule est constituée d'ondes électromagnétiques donc que le calcul $E = h . \nu$ reste valable.

6.4 Interprétation synergétique des formules d'HEISENBERG

La fonction ψ de la mécanique ondulatoire, normée, élevée au carré $|\psi^2| = |\psi . \psi^*|$ est interprétée en synergétique comme une densité d'énergie associée à la particule, car, c'est à l'endroit où la densité d'énergie est la plus élevée qu'il est le plus probable de rencontrer la particule [66].

Du fait des surfaces disruptives, il n'est pas possible d'associer une fréquence pure à une particule isolée. On peut faire l'hypothèse simplificatrice suivante (de manière à représenter la majorité des particules), en disant qu'une particule est la somme d'une infinité d'ondes sinusoïdales de même amplitude avec des fréquences infiniment voisines :

$$\psi = \lim_{N \to \infty} \sum_{n=-N/2}^{n=+N/2} (\psi_0) . \cos\left(\left(\omega + \frac{r}{N} . \Delta\omega\right)\left(t - \frac{L}{c}\right)\right) \quad (66)$$

En faisant tendre N vers l'infini, la formule (66) donne le résultat suivant (voir ci-après) :

$$\psi = \psi_0 . \frac{\sin\left(\frac{\Delta\omega}{2} . x\right)}{\left(\frac{\Delta\omega}{2} . x\right)} . \cos(\omega.x) \quad \text{avec } x = \left(t - \frac{1}{c}\right)$$

ψ correspond à la figure suivante :

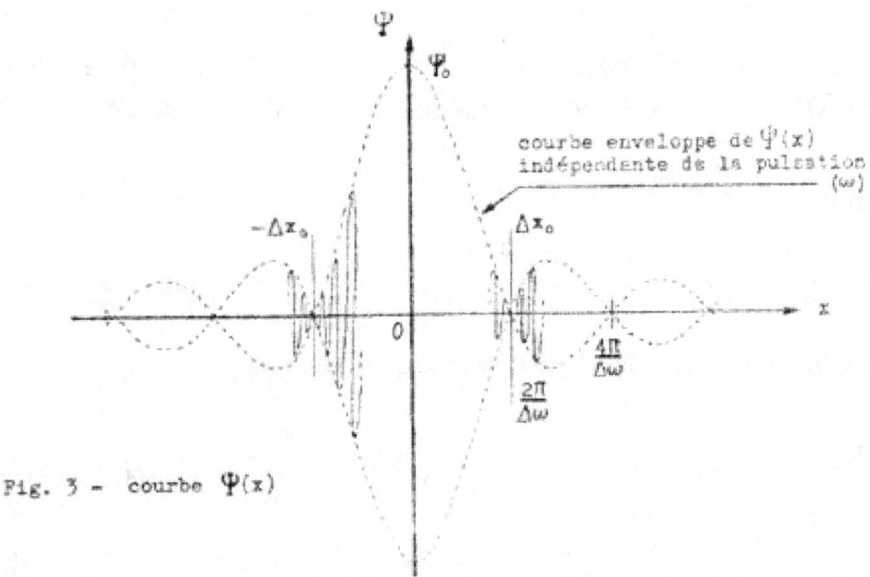

Fig. 3 - courbe $\Psi(x)$

La demi largeur de base $\Delta x_0 = 2.\pi/(\Delta\omega)$ ou encore $\Delta x_0 . \Delta\omega = 2.\pi$ (68)

En appelant "2 l" la largeur de la particule, on a : $2.\Delta x_0 = 2.\Delta l/c$ (69).

et comme $\Delta\omega = 2.\pi. \Delta\nu$ on a $\boxed{\Delta\nu.\Delta l = c}$ (70)

---

[66] Alors il existe une valeur limite " ψ_0" de l'amplitude de l'onde "ψ" telle que : $|\psi_0| = \varepsilon.\xi_d$. (« *Mécanique ondulatoire, synergétique et Radioactivité* », page 13).

- si on suppose que cette particule se déplace à la vitesse de la lumière (c'est le cas ici, car la particule est constituée d'ondes, toutes dans le même sens de $-\infty$ à $+\infty$) sa quantité de mouvement **p** est égale à h.v/c donc $\Delta p = h. \Delta v/c$ (71). Par conséquent :

$$\boxed{\Delta v.\Delta l = c} \quad (72)$$

Mais cette dernière relation peut encore se mettre sous la forme :

h. $\Delta v.\Delta l/c = h$ c'est à dire $\quad \boxed{\Delta E.\Delta t = h} \quad (73)$

Pour résumer, nous dirons que la théorie interprète ces relations comme le résultat d'un aspect non sinusoïdal des particules élémentaires [67].

6.5   Phénomène de séparation de paire

Ici nous entrons dans le domaine des hypothèses résultant des phénomènes expérimentaux. Nous avons vu précédemment qu'à un photon, on pouvait associer des zones divergentes (+q) et (-q).
Pour les basses fréquences la forme du photon serait la suivante (voir ci-après) :

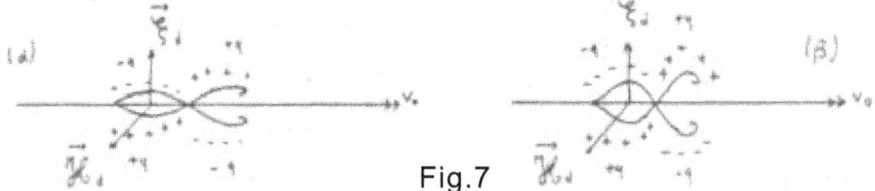

Fig.7

avec un coefficient de diffusion lié aux dimensions des zones divergentes (-q, -q, etc..) grosso modo constant (H), égal à a jusqu'à des longueurs d'ondes de 0,1 Å [68], environ.
Puis à partir de cette longueur d'onde, les zones divergentes commenceraient à s'enrouler de la façon suivante :

(α)   Fig. 8   (β)   (γ)

et la section efficace [69] diminuerait suivant une expression expérimentale [70] de la forme :

$$\sigma = \sigma_0 \cdot \frac{1}{1 + 2.\dfrac{h.\nu}{W_0}} \quad \text{avec } W_0 \text{ énergie de l'électron au repos (74)}$$

Plus l'énergie du photon augmente, plus les couches s'enroulent, pendant ce temps la distance moyenne entre les couches disruptives serait donné par la courbe suivante :

---

[67] Voir R.L. Vallée, ibid, pages 32, 73, 74.
[68] valeur établie par Compton et Thomson
[69] Voir *Effet Compton*, Congrès international d'électricité, 1ère section, Paris, 1932.
[70] Expression proposée par Compton.

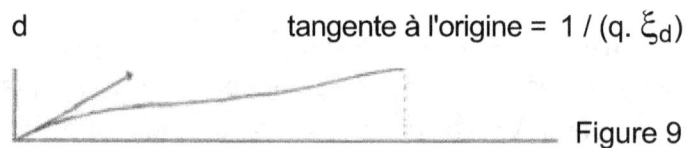

d   tangente à l'origine = $1 / (q. \xi_d)$

Figure 9

Puis la fréquence du photon atteint la fréquence v m pour laquelle les couches disruptives (séparées en 2 charges +q et -q) sont éloignées par une distance d'amplitude maximum. A cette distance maximum, l'action électromagnétique réciproque des 2 charges serait minimum. Par conséquent, à cette fréquence ν_m, un photon soumis à un champ intense, comme il en existe à proximité des atomes, peut se séparer en 2 charges. D'où création de paires.

Expérimentalement on trouve h. ν_m = 1,022 MeV = 2 fois l'énergie d'un électron au repos. (ν_m = 25.10 GHz).

Image schématique de la séparation de paire (voir ci-après) :

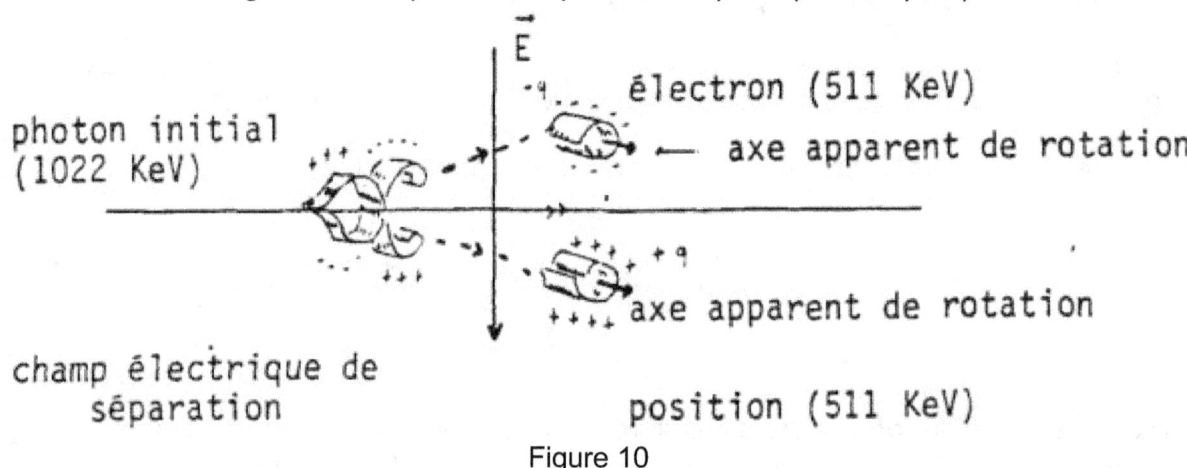

Figure 10

Si par contre on fait croître l'énergie du photon, sans lui appliquer de champ intense, la distance moyenne entre les deux zones disruptive irait en décroissant et la courbe figure 9 deviendrait :

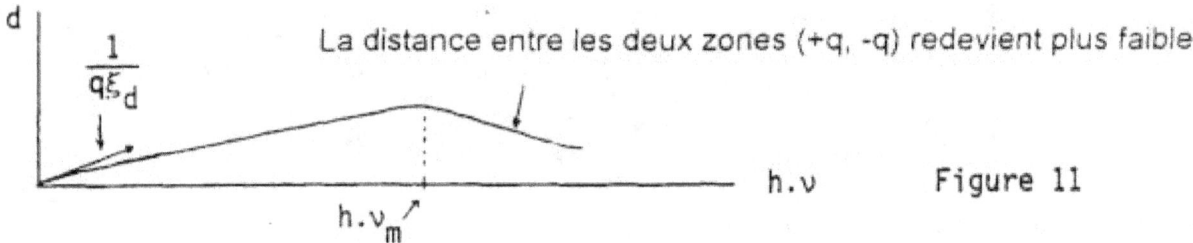

Figure 11

6.6   Modèle de l'électron

Ici encore, ce modèle est très hypothétique.

6.6.1   Hypothèse de la forme de l'électron

Monsieur VALLÉE suppose que si l'on arrivait à immobiliser momentanément par rapport au milieu, un électron, celui-ci aurait l'aspect très approximatif d'un cylindre de révolution de rayon r_o, et que le développement de cette surface cylindrique est égal à celle d'une surface sphérique de même rayon, ce qui donne pour le cylindre une hauteur égale à $2 r_o$ (ceci par prudence, pour le cas où la surface serait plutôt sphérique).

6.6.2 Hypothèse sur la valeur de r_o et la vitesse des ondes électromagnétiques à l'intérieur de la surface

Monsieur VALLÉE suppose que la circonférence du rayon est égale à la moitié de la longueur du photon initial (1022 KeV) qui a servi pour la création de paire :

$$2.\pi. r_o = \lambda_m / 2$$

Ensuite il suppose que l'onde électromagnétique piégée à l'intérieur de la surface disruptive _ c'est-à-dire la surface du cylindre où le champ électrique atteint sa valeur limite _ se propage le long de cette surface, par réflexions successives, à la vitesse :

$$v_0 = \frac{1}{\sqrt{\varepsilon.\mu}} \quad (75) \quad \text{avec } v_o \neq c.$$

Donc on obtient : $\lambda_m = \dfrac{v_0}{v_m}$ (75b) et $h.\nu_m = m_0.c^2$ (76) avec m_o masse de l'électron.

On peut en donner une image schématique suivante :

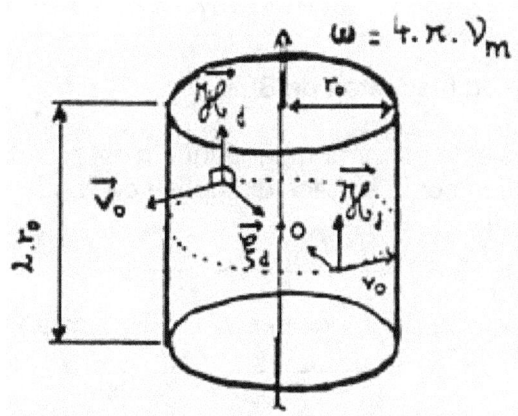

Figure 12

En supposant la formule de COULOMB correcte jusqu'à la surface disruptive, on a, au niveau de la surface disruptive :

$$\xi_d = \frac{q}{4.\pi.\varepsilon.r_0^2} \quad (77) \,(^1) \quad \text{mais comme} \quad r_0 = \frac{v_0}{4.\pi.\nu_m} = \frac{1}{4.\pi.\nu_m.\sqrt{\varepsilon.\mu}}$$

donc $\boxed{\xi_d = 4.\pi.\mu_0.v_m^2.q}$ (77) (car $\mu = \mu_o$ voir page ...).

ce qui donne : $\xi_d = 38{,}67 ... .10^{15}$ V/m

(^{1}) En supposant que ε reste peu variable jusqu'à la surface disruptive.

On peut encore poser que $\displaystyle\iint_S \varepsilon.\xi_d.dS = q$ ce qui donne : $S.\varepsilon.\xi_d = q$ ou encore

$4.\pi.\varepsilon.r_0^2.\xi_d = q$ (Ce qui suppose ξ_d constant sur toute la surface et normal à celle-ci).

Remarque : Cette valeur n'est pas accessible avec les machines électrostatiques actuelles (7 à 8.10^6 V/m).

Si maintenant on calcule le moment magnétique de l'électron _ en supposant la "charge" répartie sur toute la surface _, on a :

$$\mathcal{M} = \iint_S v.dq.r \quad (78)$$

ce qui donne $\mathcal{M} = v_o . q . r$

mais comme $v_o = \omega . r = 4 . \pi . \nu_m . r$ et $r_0^2 = \dfrac{q}{4.\pi.\varepsilon.\xi_d}$ (80)

alors : $\mathcal{M} = \dfrac{\nu_m.q^2}{\varepsilon.\xi_d}$ (80b) mais comme $\xi_d = 4 . \pi . \mu. \nu_m^2 . q$ et $h.\nu = \dfrac{m_0}{\varepsilon.\mu}$

donc :

$$\boxed{\mathcal{M} = \dfrac{h}{4.\pi} . \dfrac{q}{m_0} \quad (81)}$$

Ce résultat donne la formule du magnéton de BOHR.

Remarque 1 : Dans ce modèle, le moment magnétique n'est pas dû à une rotation de la particule, mais à la propagation sur la surface disruptive de l'onde électromagnétique qui s'y trouve piégée ([1]).

_____

([1]) Cette hypothèse a été avancée par Monsieur VALLÉE dans sa conférence à SACLAY.

_____

6.6.3   Mécanisme du déplacement d'un électron

1°) Déplacement dans un champ $\vec{E}$:

Imaginons un électron soumis à un champ $\Delta\vec{E}$ (figure 13)

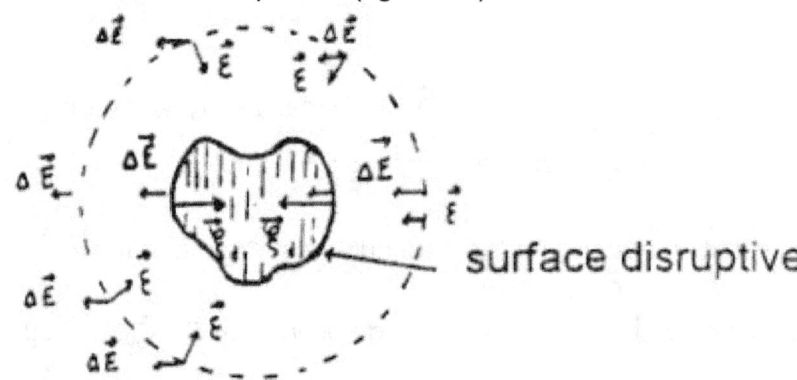

surface disruptive

Figure 13

Le champ extérieur agit sur une couche disruptive de façon à faire disparaître les zones

divergentes aux points où le champ extérieur $\Delta\vec{E}$ et le champ disruptif sont en oppositions, mais fait apparaître de nouvelles zones divergentes aux endroits où les champs s'ajoutent (voir figure 14).

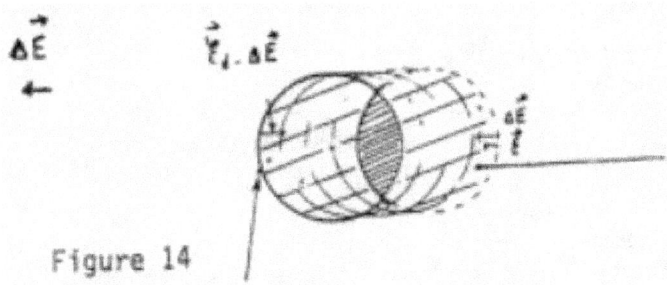

zone ou le champ électrique résultant ($\vec{\varepsilon} + \Delta\vec{E}$) tend à dépasser ξ_d (apparition de zones divergentes).

Figure 14

Zone où le champ électrique devient inférieur à ξ_d
(Disparition de zones divergentes).

Donc, l'action du champ électrique aura, pour conséquence, de "propager" l'électron dans le sens opposé à la direction de ce champ, conformément aux résultats expérimentaux.

2°) Déplacement de l'électron en mouvement uniforme par rapport au milieu à inertie station noire

Ceci est encore un modèle très hypothétique, comme nous allons le voir. Dans celui-ci, *"l'électron peut être considéré comme accompagné d'un photon"* ([1]). C'est-à-dire qu'il serait constitué de 3 zones disruptives (+q, -q, -q). Les représentations schématiques qu'en donne Monsieur VALLÉE seraient les suivantes :

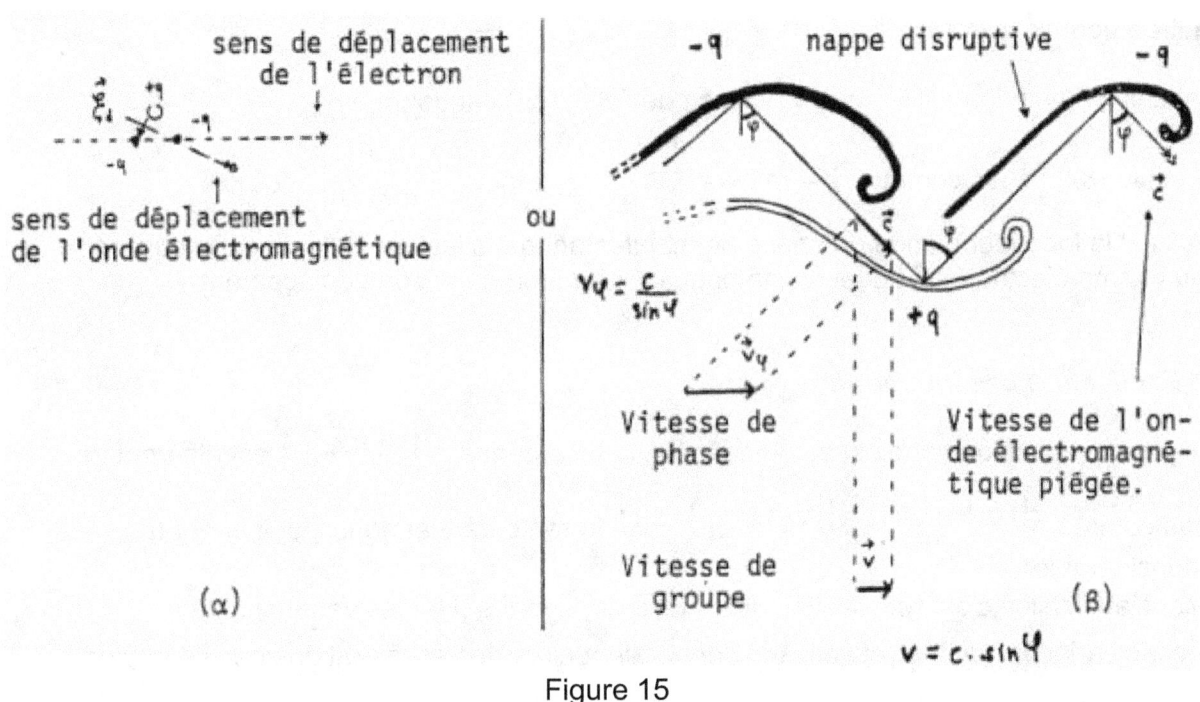

Figure 15

([1]) page 48 ligne 10 dans l'ouvrage *"L'énergie électromagnétique, matérielle et gravitationnelle"*. D'après l'auteur de la théorie Synergétique ce modèle résulte de la variation de fréquence de la particule en mouvement.

Avec ce modèle (ce dessin ci-après), le déplacement de l'électron pourrait se représenter ainsi :

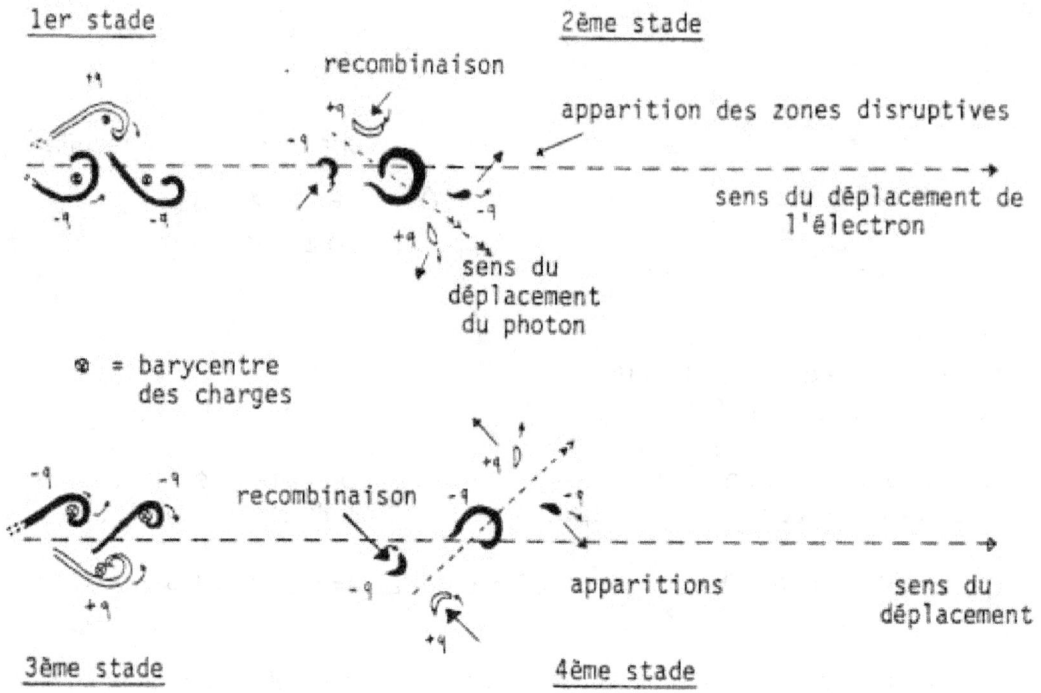

6.7 Relation fondamentale de Louis de BROGLIE

(démontrée pour l'électron).

Nous avons vu (voir figure 15β) que v (vitesse de l'électron) est donnée par :

$$V = c \cdot \sin \Phi \quad (82) \quad \text{Mais comme :} \quad \mathbf{p} = \mathbf{m} \cdot \mathbf{v} = \frac{h.\nu}{c^2} \cdot v \quad \text{donc} \quad \boxed{p = \frac{h}{\lambda.\Phi}} \quad (83)$$

où "$\lambda.\Phi$" est la longueur d'onde de phase se manifestant dans les interactions extérieures dues au champ électrique résiduel accompagnant l'électron dans son déplacement.

6.8 Explication des interactions fortes [71]

Là où le champ électrique atteint sa valeur limite, la divergence $\mathrm{div}(\varepsilon.\vec{\xi}_d)$ est différent de "0". Mais comme $\mathrm{div}\,\vec{E} = \vec{0}$, $\mathrm{div}(\varepsilon.\vec{\xi}_d)$ est différente de 0 et donc ε doit varier (de façon considérable).

Pour Monsieur Vallée c'est l'explication des interactions fortes (H) ; les variations de ε entraîne les variations de "c^2" et celles-ci donneraient alors des accélérations considérables.

Remarques :

---

[71] Explication donnée, par Monsieur Vallée, lors d'une conférence, en janvier 1977 à Saclay.

- si l'on pose la question "mais on n'a jamais vu par exemple 2 neutrons formant une même particule, par interaction forte", Monsieur Vallée répond qu'il n'y a pas de pic élevé dans la courbe d'énergie diffuse, corespondant à l'ensemble b-neutron (voir page 33 de cette plaquette). Celui-ci donc n'est pas stable [72].
- il n'y a pas de représentation synergétique des particules autre que les électrons.
- pour l'instant il n'y a pas de représentations synergétiques des particules autres que pour les électrons.

6.9 Hypothèses sur la stabilité des particules

Maintenant nous abordons un domaine très controversé car étant peu formalisé par M. Vallée et prédisant des phénomènes nouveaux. Celui-ci concerne ses hypothèses sur la stabilité des particules.

1°) <u>Courbe postulée de-la densité d'énergie en fonction de la fréquence</u>

En considérant la non-linéarité des équations de Maxwell (voir page 4), monsieur Vallée suppose, que les particules sont le résultat de résonances (1) dans l'énergie diffuse, qui de résonance dans une courbe donnant la densité d'énergie diffuse (par fréquence):

$$\frac{\partial^2 W}{\partial \tau . \partial \nu}$$ en fonction de la fréquence (voir figures 17 et 18).

hauteur des pics en moyenne décroissante et tendant vers "0" pour $\nu = \infty$

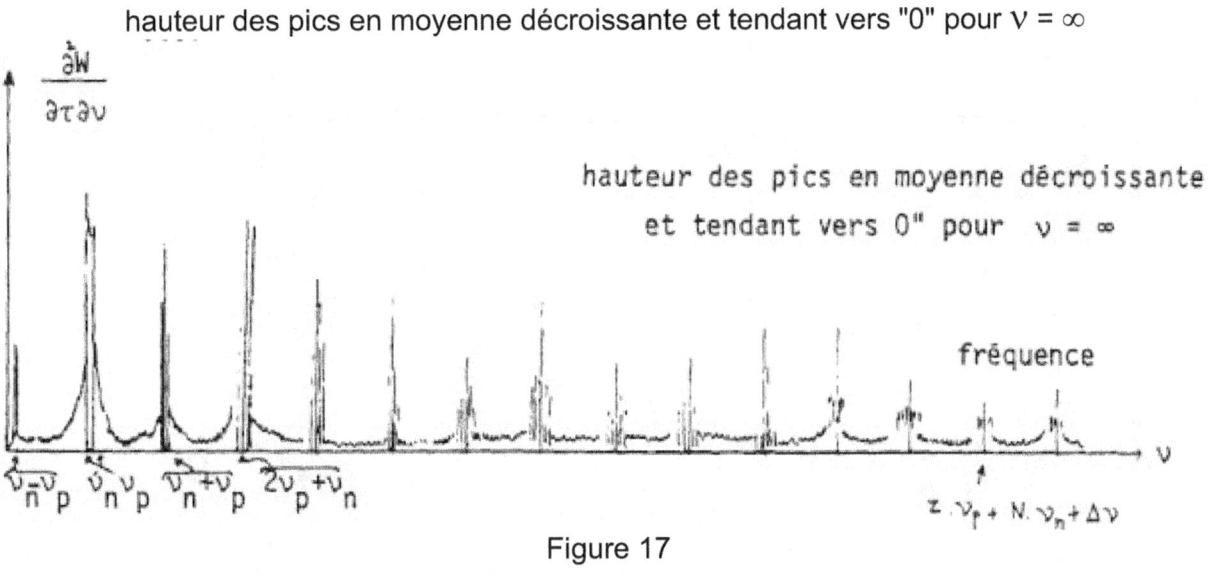

Figure 17

(1) "L'apparition de la matière peut-être considéré comme un véritable phénomène de <u>Cavitation</u> électromagnétique" (page 22 de "L'énergie électromagnétique, matérielle et gravitationnelle").

"*Lorsque le champ $\vec{E}$ tend à dépasser sa valeur limite, il doit se produire une véritable implosion d'énergie. Par augmentation de la permitivité, il doit y avoir déformation des lignes de force du champ électrique. La concentration qui en résulte entraîne une dépression d'énergie diffuse, tout en prenant au chaos environnant, une énergie proportionnelle à sa fréquence moyenne W = h . ν ... La matérialisation se présente, dans l'énergie diffuse en*

---

[72] Monsieur Vallée pense qu'une particule et son antiparticule possèdent une même densité énergétique intérieure, une même forme pour les nappes disruptives mais sont de charges opposées sur les nappes (indications donnée lors de la conférence de Monsieur Vallée en Janvier 1977).

agitation désordonnée, comme un phénomène de "Néguentropie"". (page 118 de ce même livre).

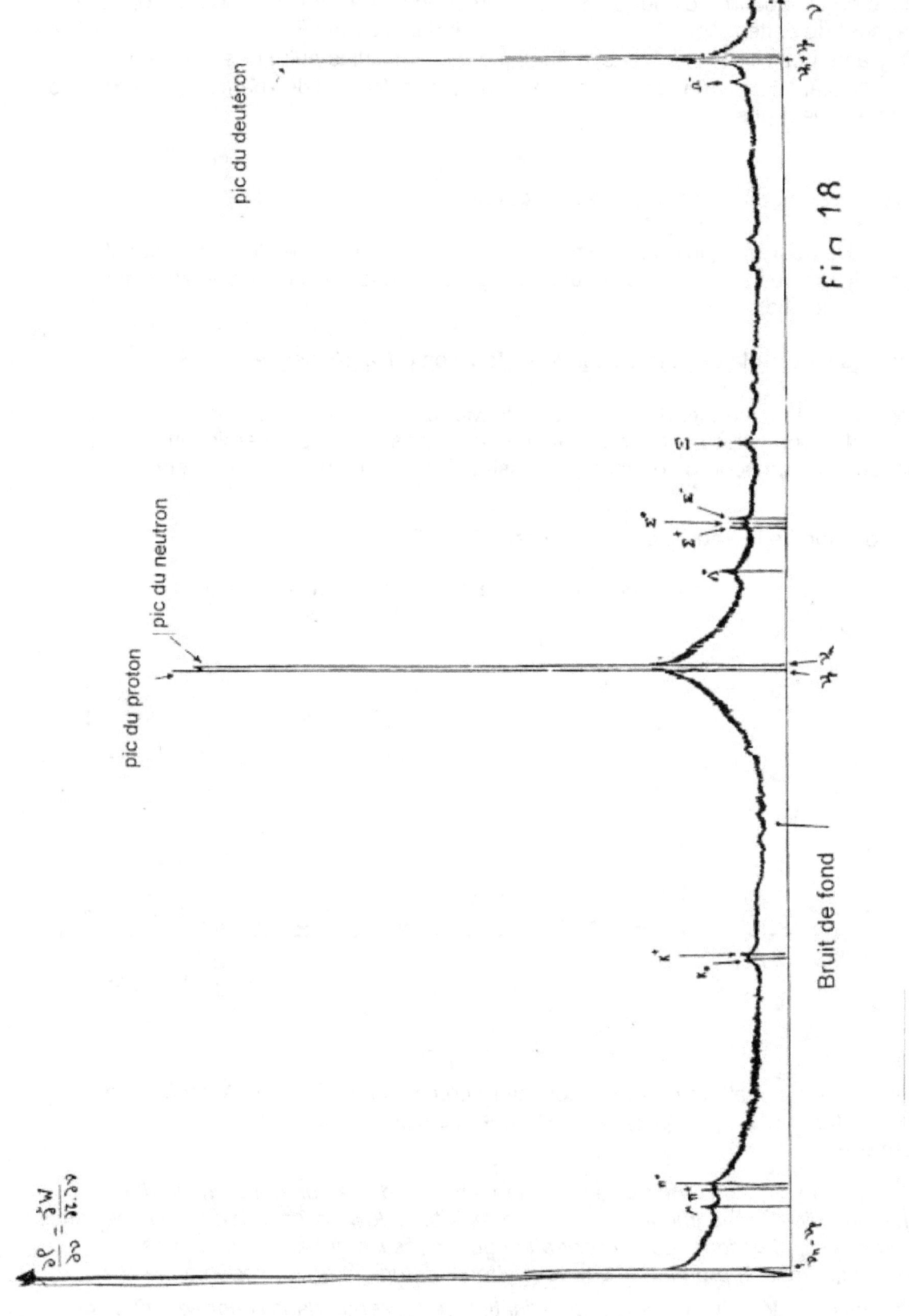

Cette courbe $\dfrac{\partial^2 W}{\partial\tau.\partial\nu} = f(\nu)$ ressemblerait à une courbe de résonance comme on en rencontre en physique nucléaire pour les sections efficaces.

La courbe f (ν) serait due à une inter-modulation [73] de plusieurs fonctions sinusoïdales _ modulations d'amplitude ou de fréquence etc ... _ où des fréquences particulières ν_p, ν_n _ fréquences du proton et neutron _ interviendraient d'une façon importante.

L'intégrale, étendue à toutes les fréquences de $\dfrac{\partial^2 W}{\partial\tau.\partial\nu}$ donnerait la densité d'énergie du milieu :

$$\rho = \frac{\partial W}{\partial\tau} = \int_0^\infty \frac{\partial^2 W}{\partial\tau.\partial\nu}.d\nu \quad (84)$$

D'après les synergéticiens, plus les moyens d'investigations progresseront plus nous trouverons de nouvelles particules _ de nouvelles résonances _ de durée de vie de plus en plus courte, car cachés par le bruit de fond du milieu, et moins le modèle des quarks sera satisfaisant.

Remarques :

a) "*Cette courbe de distribution n'est pas une courbe de hasard _ due au bruit de fond uniquement _, c'est-à-dire une exponentielle décroissante ... c'est une courbe d'inter-corrélation [74] avec des pics plus ou moins gaussien ...*" [75],

b) L'expression mathématique de la courbe f (ν) n'a pas été trouvée et Monsieur Vallée suppose que les inter-modulations doivent être complexes. Pour l'instant elle ne peut être obtenue qu'expérimentalement, en la traçant à partir des données de la table des isotopes de Lederer [76].

6.10   Radioactivité, rayonnement S et capture K

Comme l'intégrale (84) doit être finie, la courbe f (ν) doit être décroissante et tendre vers "0", donc les pics doivent devenir de plus en plus petits pour les fréquences élevées.
A cause des fluctuations aléatoires du milieu, ces résonances auront plus de mal à se maintenir et ce serait là l'explication _ qui reste à prouver _ de la radio-activité, pour les noyaux lourds, et pour la radioactivité en général.

Le rayonnement β^-, lui, serait expliqué par le fait que le pic du neutron ou un noyau émetteur s se trouve dans le flanc droit d'un pic plus élevé _ un proton pour le neutron, un isobare plus stable pour un noyau émetteur β^- _, et par les fluctuations il aura tendance à aller vers le corps ayant la résonance la plus stable; la portion d'énergie, qui se séparera du corps et qui "servira" à créer l'électron, aura tendance à aller vers la résonance énergétique la plus proche _ le pic le plus proche _ et cela sera un électron, quant au reste de l'énergie la cause des hypothèses faites précédemment (page 34) il retournerait au milieu diffus.

---

[73] Voir cours d'électronique 4 GE, "*les modulations analogiques*", de l'école d'ingénieur l'INSA de Lyon.

[74] Voir 5 GE "*traitement du signal*" de l'école d'ingénieur l'INSA de Lyon.

[75] Conférence de M. Vallée, à SACLAY, en Janvier 1977.

[76] on peut se procurer ce livre à l'adresse suivante : "C.D.I., 28 rue de Trévise, 75009 PARIS".

Remarque à propos du neutrino : Pour Monsieur Vallée, le neutrino est : *"une simple dématérialisation de l'énergie sous forme électromagnétique diffuse ..."*. Voir pages 30 et 99 du livre *"L'énergie électromagnétique, matérielle et gravitationnelle"*.
"C'est une interaction avec l'énergie diffuse". *"Les neutrinos traduisent les interactions de la matière et de l'espace environnant, en accord avec la définition de la Synergie"*, page 12 du même ouvrage.

Remarque : l'explication synergétique du rayonnement α est semblable à celle du rayonnement β. Pour le rayonnement β^+, ce serait la même chose sauf qu'on se trouve sur un flanc gauche d'un pic plus élevé. D'après Monsieur VALLEE, la capture K, serait causée par un β^+ [77].

6.11   Captation possible de l'énergie diffuse

Pour Monsieur VALLEE, l'énergie du rayonnement s est donnée par le milieu diffus (H). Pour expliquer cela, Monsieur VALLÉE donne l'analogie avec un billard, en vibration, comportant des creux dans lesquels sont placées des boules : *"Comme le milieu est une énergie colossale en perpétuelle agitation, la boule va ressortir avec une énergie bien supérieure à celle qu'elle avait lorsqu'elle est tombée dans le trou et cette énergie sera fournie par l'agitation du billard. De là d'ailleurs l'étalement d'énergie du spectre des rayons β^-, parce que l'interaction avec le milieu lui n'est pas quantifié"* [78].

"Étant donné la crise de l'énergie, il est bon de se demander dans quelle mesure, on ne pourrait pas utiliser ces interactions faibles pour capter l'énergie du milieu diffus.
Il semblerait que des résultats acquis maintenant (rayonnement (3 parasite constaté dans les tores Tokamak de fusion thermo-nucléaire, voir page 40), prouvent qu'il est possible de constituer l'isobare radioactif d'un corps stable, sans donner une énergie excessive.
Or en mécanique ondulatoire tout ce qui est possible existe réellement, il suffit pour cela de favoriser la résonance de passage d'un électron pour le faire capter par le noyau. Il s'agit d'orienter convenablement ce que j'appelle le "cône d'efficacité", en d'autre terme d'éviter les orbitales.
Dans le cas contraire, par la loi coulombienne, l'électron va avoir tendance à se rapprocher du noyau, mais compte tenu des conditions quantiques il va se satelliser.
Il y a là une question d'orientation du champ magnétique et électrique; il faut aussi fournir une fréquence (2) qui suscite sa retombée, qui n'a rien à voir avec la fréquence de l'électron lors de la désintégration β" [79] [80].

Après que la capture résonante se soit faite, à cause des résultats expérimentaux connus [81], il y aurait émission préférentielle des β^- suivant dans une direction parallèle aux champs $\vec{E}$ et $\vec{B}$ (s'ils sont colinéaires)
Important : le schéma ci-dessous n'a aucune réalité physique, et ne fait parti d'aucun texte synergétique. Il n'a qu'un but d'illustration pédagogique.

---

[77] Conférence de M. Vallée, à SACLAY, en Janvier 1977.

[78] Conférence de M. Vallée, ibid.

[79] Conférence de M. Vallée, ibid.

[80] Ici l'auteur ne donne pas des explications très claires sur le phénomène de résonance. Il pense qu'on pourrait déterminer cette fréquence expérimentalement. (Peut-on communiquer à l'électron une énergie (précise), d'une dizaine de Kev, grâce à des rayons X). Selon M. Vallée, ce phénomène serait tenu secret par le C.E.A (?).

[81] Travaux sur l'imparité de Tsung Dao LEE et Chen Ning YANG. Ces deux théoriciens prédirent en 1956 la non-conservation de la parité dans les interactions faibles; ce que l'exp »rience Cobalt 60 de Ambler, Hayward, Hoppes, Hudson et Wu démontra quelques mois plus tard.

Figure 20

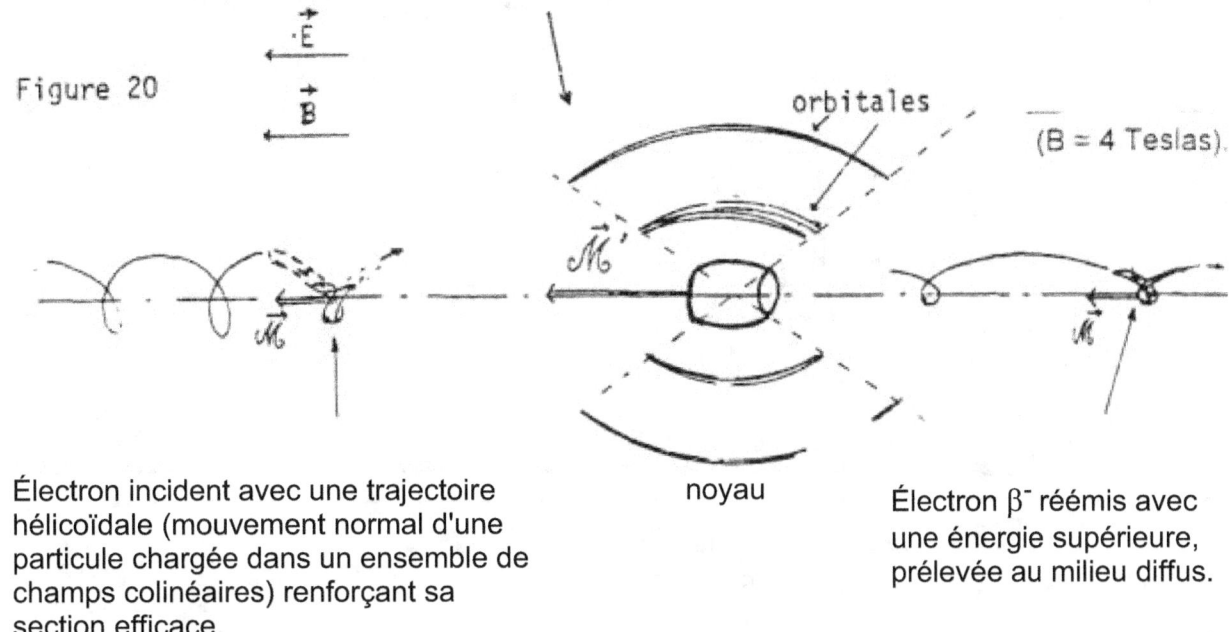

Électron incident avec une trajectoire hélicoïdale (mouvement normal d'une particule chargée dans un ensemble de champs colinéaires) renforçant sa section efficace.

noyau

Électron β⁻ réémis avec une énergie supérieure, prélevée au milieu diffus.

Figure 20.

Remarque sur la création d'un rayonnement X :

"Alors qu'il a fallu seulement une énergie X (?) qui suscite la retombée des électrons, ces derniers vont fournir la même raie X et vous aller voir pour tous les atomes dont le cône d'efficacité sera orienté convenablement, un véritable phénomène laser" (fin de la conférence de Saclay, Janvier 1977).

L'auteur recherche les éléments chimiques susceptibles de favoriser cette réaction. En connaissant les périodes de désintégration de chaque élément, il trace les courbes théoriques f (ν) pour différents éléments chimiques, suivant les hypothèses exposées page 33. Par exemple, les courbes suivantes :

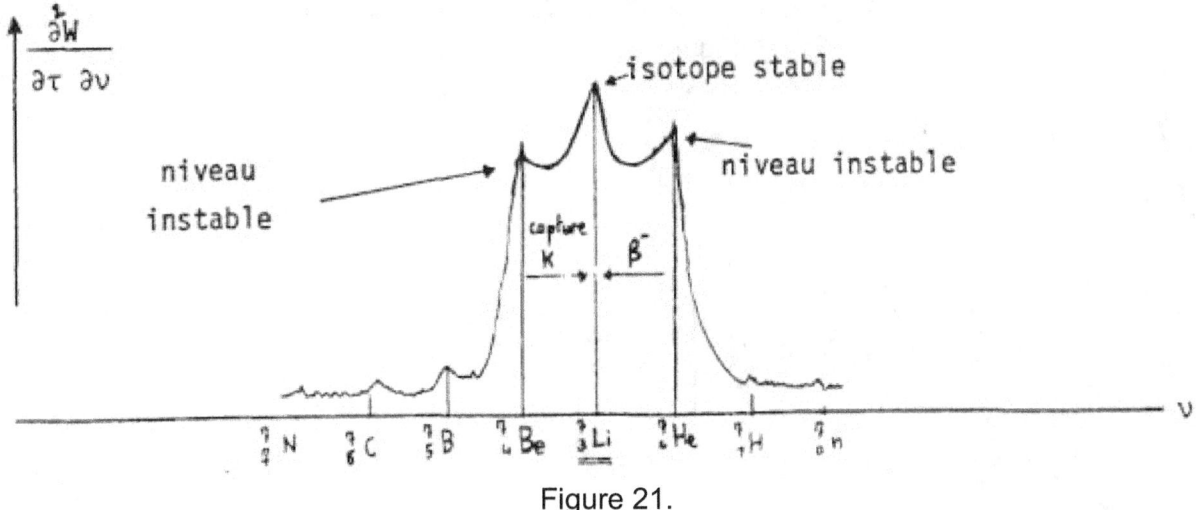

Figure 21.

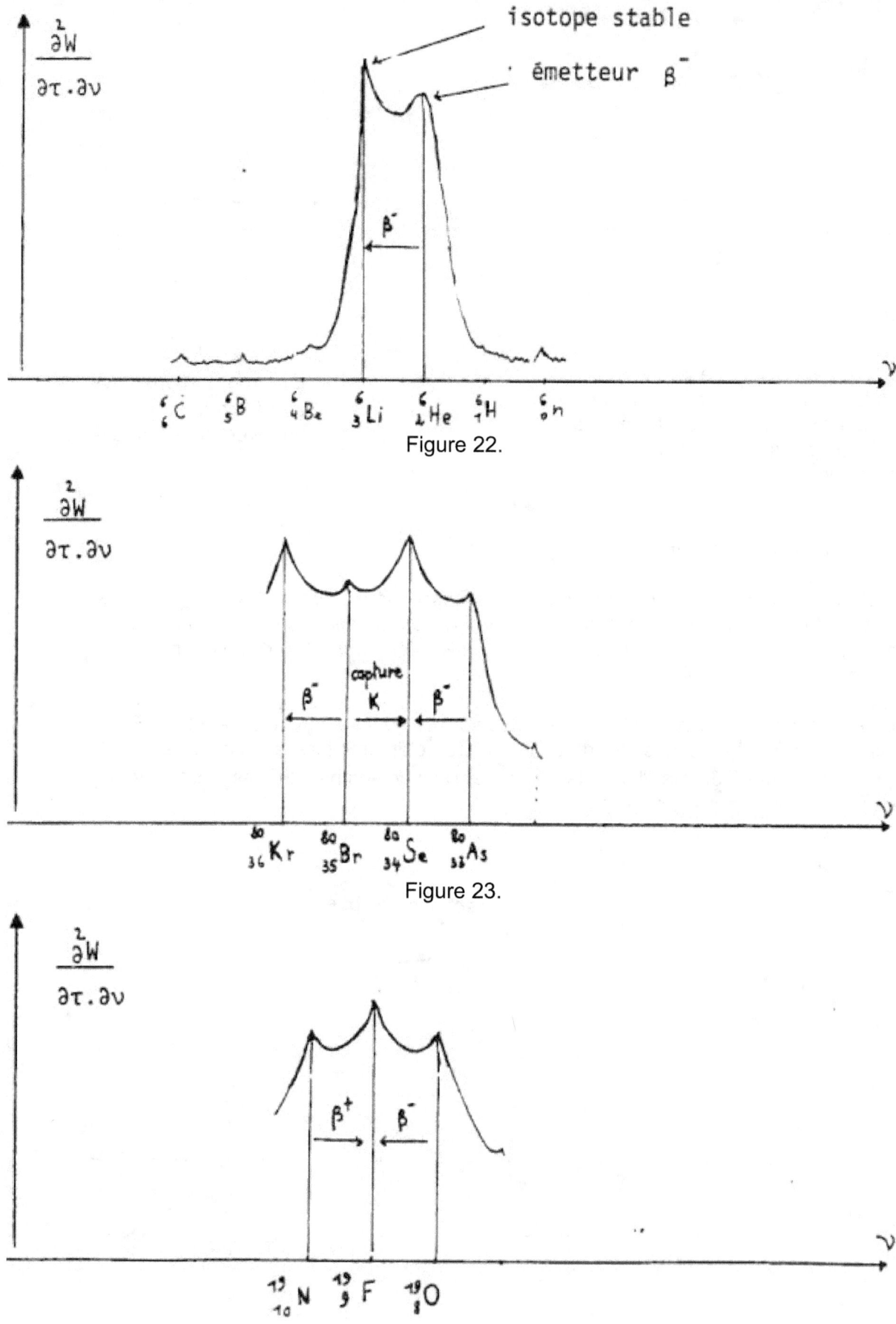

Figure 22.

Figure 23.

Figure 24.

44

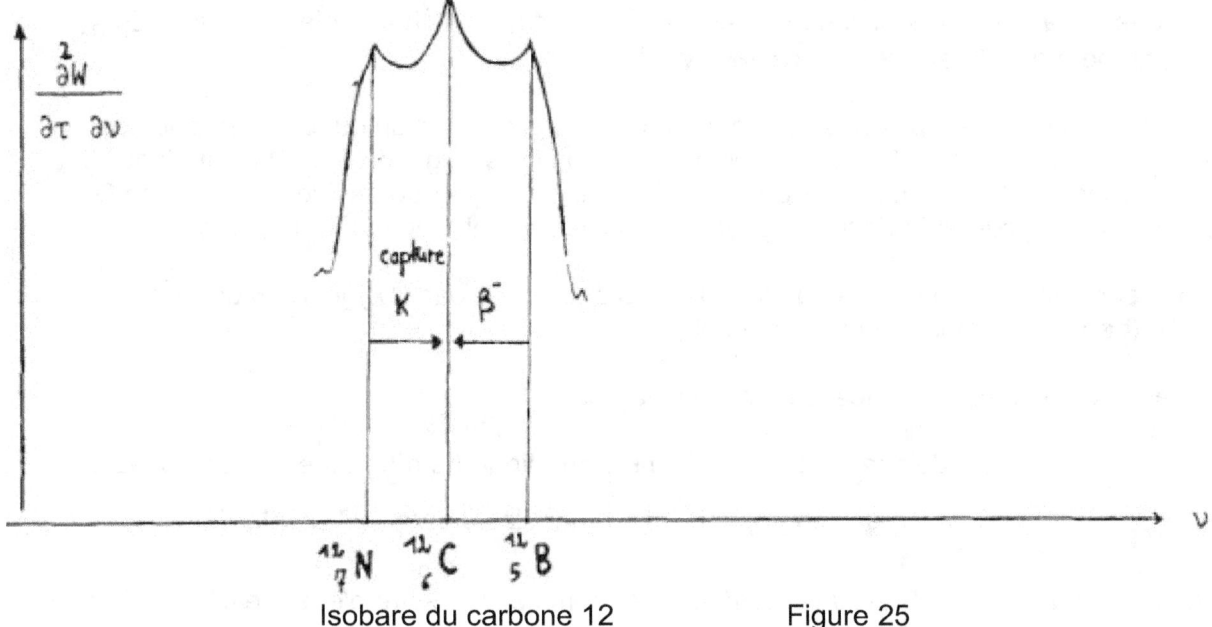

Isobare du carbone 12   Figure 25

En approximant la Puissance fournie P_s par $P_s = E_{\beta^-} \cdot \dfrac{dN}{dt}$ où $\dfrac{dN}{dt}$ est le nombre de

désintégration par unité de temps, le calcul de la puissance théorique fournie par le "système" fonctionnant en continu est simple (pour 1 gramme du corps envisagé, pendant une seconde) c'est, pour E_{β^-} exprimé en Mev :

$$P_s = E_{\beta^-} \cdot \frac{N}{M} \cdot P' \cdot 1,62.10^{-13} \text{ watts} \Rightarrow \boxed{E_{\beta^-} \cdot \frac{6,69.10^{10}}{M.T_d} \text{ watts} = P_s} \quad (85)$$

où E_{β^-} est l'énergie du β^-, N le nombre d'Avogadro, P' la pente de la tangentes de la

courbe de désintégration qui est une exponentielle de croissante, M la masse atomique,

T_d : pseudo-période de l'isobare β^- (P' = ln2 / Td).

Remarque 1 : cela donne pour le lithium 7 : 1 Million, 2 Gigawatts / gramme pour le carbone 12 : 3000 Gigawatts, pour l'oxygène 16 : 8 Gigawatts / gramme.
Cela donnerait pour 1 gramme de C12, en Td = 25 ms, une bombe de 16 tonnes de TNT.

Remarque 2 : Il faudrait aussi ioniser les atomes pour favoriser par attraction coulombienne, la capture.

6.12   Explication synergétique du rayonnement de 6 MeV et des neutrons lents, observés dans plusieurs Tokamaks [82]

Monsieur VALLÉE rejette l'explication du rayonnement β de 6 MeV par rayonnement (3 du à des captures neutroniques (T_e = 13 eV, $n_e = 10^{12}$ cm3) ou par accélération des électrons

---

[82] Celui de l'Institut KURCHATOV, celui de Fontenay aux roses (TFR), celui du MIT (Alcator).

soumis à une variation de l'induction magnétique [83]. (Alors que le champ électromoteur E_{max} = 40 V/m, ne peut accélérer que jusqu'à 1 MeV) [84].

M. Vallée déclare qu'il n'est pas possible, par les variations d'induction qu'on utilise pour les effets de striction du plasma, d'accélérer les électrons à une énergie de 6 MeV (rappelons l'énergie au repos de l'électron : 511 KeV) et surtout de provoquer de tels dégâts (environ 20 Joules/cm2, 15% du courant principal d'environ 400 KA servant à échauffer le plasma).

Pour Monsieur Vallée, il y aurait « captation d'énergie diffuse » par l'oxygène 16 de l'air qui est rentrée (dans la chambre du tore Tokamak).

Cette « captation » se ferait par les réactions suivantes :

$$^{16}_{8}O^{+} + {}^{0}_{-1}e \rightarrow {}^{16}_{7}N^{*}$$ (traduisant un phénomène synergétique de retombée sur les noyaux, à cause des champs $\vec{E}$ et $\vec{H}$ parallèles dans le TOKAMAK).

Comme on sait que l'azote 16 est un émetteur β^{-}, et comme le spectre d'énergie du rayonnement β^{-} pour le $^{16}_{7}N$, comprend 28 % à 10,4 MeV et 68 % à 4,3 MeV c'est-à-dire en moyenne 6 MeV, il va y avoir la réaction suivante :

$$^{16}_{7}N^{*} \rightarrow {}^{16}_{8}O^{+} + {}^{0}_{-1}\beta + 6\,\text{Mev}$$ (Td = 7,4 s)

Quant aux neutrons lents inexpliqués, Monsieur VALLÉE suppose la réaction suivante :

$$^{2}_{1}H + {}^{0}_{-1}e \rightarrow {}^{1}_{0}n + {}^{1}_{0}n - W$$ (W ≈ 3 MeV) (effet "retombée sur le noyau").

Mais comme le dineutron n'existe pas, ce seront 2 neutrons lents qui apparaîtront.

Remarque : Selon M. Vallée, cet effet pourrait être aussi observé avec l'azote 15.

Remarque sur ce paragraphe : Toutes ces démonstrations sont peu formalisées. L'hypothétique phénomène de retombée n'est pas clairement démontré mathématiquement.

6.12.1 Augmentation de la période de désintégration pour les émetteurs β^{-} et diminution pour les émetteurs β^{+}, en mouvement

L'émetteur β^{+}, aura, en mouvement, une fréquence en augmentation qui se rapprochera de celle de l'isotope stable et se désintégrera plus vite; l'émetteur β^{-} aura son pic qui s'éloignera de celui de l'isotope stable, donc deviendra plus stable.

---

[83] "Extrait des activités scientifiques et techniques 74", du Commissariat à l'Energie Atomique (page 71). Edition Dunod & Rapport d'activité du groupe Recherches de Fontenay-aux-Roses (197!t). CEA-Euratome - 92260 FONTENAY-AUX-ROSES.
[84] "Hight Energy electron in Tokamak discharge", conférence sur la fusion contrôlée - Grenoble 1972.

7 Prédictions et « confirmations » de la « théorie »

En ce qui concerne sa « partie rigoureuse », la théorie prédit la création de champs gravitationnels par des champs électromagnétiques (voir plus haut, au chapitre xxxx).

En ce qui concerne ses parties non formalisées (« théorie » de la « captation d'énergie diffuse »), elle prédit :

- l'augmentation de l'énergie du faisceau focalisé de particules, celle d'un faisceau laser [85],
- et la captation d'énergie diffuse,
- la diminution du temps de désintégration pour les émetteurs β^+ en mouvement,
- en vertu des hypothèses précédentes, la diminution de la section efficace du neutrino avec la distance de la source.

Selon M. Vallée « *La théorie a permis, dès 1971, de prévoir l'existante des courants neutres et celle des résonnances "ψ"* » [86] [87].

Les autres arguments avancés par M. Vallée sont les suivants :

- il n'y aurait pas d'explications actuelles de la formation des photons cosmiques (à part celle « synergétique »),
- il n'y a pas d'émetteur β^+ dans le rayonnement cosmique (car se désintégrant plus vite).
- On n'arriverait pas à capter les milliards de neutrinos qui devraient être envoyés par le soleil.
- L'indice de réfraction de l'atmosphère de la couronne solaire, rend caduque la démonstration de la relativité générale sur la déviation du rayon lumineux.
- Il y a beaucoup de paradoxe dans la théorie de la relativité _ a) particules ponctuelles [88], indice de réfraction intervenant par commodité dans la démonstration de la déviation [89], énergie introduite de façon "artificielle" [90] ...

L'argument d'un effet conséquent de l'indice de réfraction de la couronne solaire sur la déviation des rayons lumineux est juste une affirmation, une intuition, non un fait prouvé scientifiquement par M. Vallée ou par une autre personne.

L'idée « *d'entraînement du milieu diffus* » par la terre pour expliquer l'échec de l'expérience de Michelson-Morley est avancée, par M. Vallée, sans aucun formalisme. Avant 1905, on a avancé cette idée, mais on n'a pu la prouver, d'où le succès de la Relativité d'Einstein. Or aucune démonstration précise et rigoureuse, à l'aide d'équations provenant de la « théorie synergétique », elle-même, n'ont été réalisées ou avancées, par M. Vallée, pour expliquer l'échec de l'expérience de Michelson-Morley [91]. L'intuition d'une sorte de « loi de Gladstone pour les gaz », pour tenter d'expliquer « l'apparente » contraction de Lorentz (sur la longue et le temps), dans le sens du déplacement d'un, objet par rapport à l'observateur, n'est pas suffisante.

---

[85] page 108 de "*L'énergie électromagnétique, matérielle et gravitationnelle*".
[86] "*mécanique ondulatoire, synergétique et radioactivité*", page 19.
[87] voir aussi "*L'énergie électromagnétique, matérielle et gravitationnelle*", page 119, ligne 32.
[88] voir "*Théorie des champs*", Lifchitz et Landau, Éditions Mir, Moscou, page 65.
[89] voir "La théorie de la relativité restreinte et générale", Gauthier-Villard, 1971, page 84.
[90] Voir le chapitre II de la "*Théorie des champs*", Lifchitz et Landau, Éditions Mir, Moscou.
[91] Le but de l'expérience de Michelson et Morley était de déterminer si la terre se déplaçait dans l'éther.

Ce résultat négatif de l'expérience de Michelson-Morlay était plutôt étonnant et inexplicable, par rapport à la *théorie, couramment admise à l'époque, de la propagation de vagues ou d'ondes dans un éther statique (voire solide)*. Plusieurs explications avaient été alors avancées, parmi elles que l'expérience avait un défaut caché (apparemment ce que croyait initialement Michelson), ou que le champ de gravitation de la Terre "*a d'une façon ou d'une autre entraîné*" l'éther autour d'elle, d'une telle façon que cela élimineraient localement son effet. Dayton Miller, qui avait refait l'expérience d'une façon plus précise et avait obtenu les même résultats négatifs, aurait soutenu que, dans toutes les expériences d'autres que sa propre expérience, il y avait peu eu de possibilité de détecter un vent d'éther puisqu'il presque totalement a été bloqué dehors par les murs de laboratoire ou par l'appareil lui-même. Ernst Mach a été un des premiers physiciens à suggérer que l'expérience était une réfutation de la *théorie de l'éther*.

Pour vérifier l'hypothèse de l'entraînement de l'éther (du milieu) par des masses suffisament lourdes, Gustaf Wilhelm Hammar en 1935, dans son expérience d'Hamar, a placé un bras de l'interféromètre entre deux blocs de plomb énormes. Si l'éther était entraîné par la masse des blocs, ils auraient été assez lourds, selon la théorie, pour causer un effet évident. De nouveau, aucun effet d'entraînement des ondes par des masses lourdes a été détecté. Walter Ritz, en 1908, a imaginé la théorie des émetteurs (ou théorie balistique ou théorie des émissions), qui était aussi compatible avec les résultats de l'expérience, n'exigeant pas la présence de l'éther, mais qui a été réfutée par l'expérience de Sagnac.

Il a eu au moins 14 vérifications de l'expérience de Michelson-Morley entre 1881 et 1990 avec une précision dépassant les 0.000001 m/s, sur la mesure de la différence des vitesses de la lumière entre les deux bras de l'interféromètre.

Enfin, pour la « captation d'énergie diffuse » par les expériences faites sur le tore Tokamak, avec des diaphragmes de B4 C, au C.E.A. en juillet 76 _ qui aurait immobilisé, par les dégâts provoqués, le tore T.F.R. pendant 9 mois, avec 9 MF de réparation [92] _, ces problèmes du tore Tokamak sont parfaitement expliqués, par les théories existantes _ par a) l'énergie injectée dans le plasma, pour créer volontairement un courant électrique torique destiné à chauffer le plasma, b) par l'instabilité du plasma faisant dévier le faisceau d'électrons vers les parois du tore Tokamak _, sans faire appel à une nouvelle « théorie » hypothétique, qu'elle soit la « théorie synergétique » ou une autre (voir l'importante bibliographie à ce sujet dans le chapitre Bibliographie de cette étude ([23], [24] …)).

8   Conclusion

Cette « théorie » se veut être une alternative à la vision relativiste de l'univers. Elle veut introduire l'énergie d'une « façon naturelle ». Elle se veut aussi exempte de paradoxe.

Son grand problème est de ne pas pouvoir fournir une formule générale et universelle pour la variation postulée de la permittivité ε _ en fonction de l'énergie et de la fréquence de l'onde _, qui permettrait d'expliquer un grand nombre de phénomènes de l'univers (formations de particules, puits de gravitation, surtout les **transformation de Lorentz** etc. ...).

Bien qu'elle se veut être une *théorie unitaire,* en physique fondamentale, elle ne fournit aucune équation fondamentale unitaire, qui pourrait expliquer tous les phénomènes physiques de l'univers.

Durant son important travail, M. Vallée est passé à côté de *la démarche scientifique,* celle-ci exigeant un grand nombre important de vérifications minutieuses, en particulier pour la déviation des rayons lumineux par le soleil et pour le bilan énergétique d'une supposée captation d'énergie diffuse.

---

[92] L'auteur s'exprime au conditionnel car cette source a été fournie par M. Vallée.

Cette « théorie » manque, en fait fortement de formalisation et reste difficile à vérifier expérimentalement [93]. Car elle est constituée d'une multitude de démonstrations séparées, ne formant pas un tout cohérent.

Sinon, peut-on affirmer comme avance Jean-Marc Lévy-Leblond [94] que « *les écrits [de M. Vallée] ressemblent à la physique comme à la calligraphie ces graphismes de Stein-berg qui, mimant de loin une écriture parfaitement conventionnelle, **se révèlent de près être d'insignifiants tracés*** », nous ne le pensons. Il y a vraiment de la matière, un vrai travail fourni par M. Vallée, quoique malheureusement inachevé qui n'a abouti sur une théorie complète, cohérente, vérifiable expérimentalement.

Jean-Marc Lévy-Leblond affirme en que « *[la] **réfutation** [des affirmations de M. Vallée] demande moins une critique rationnelle que l'abolition de leurs bases objectives* ».

Ici nous montrons qu'au contraire, cette théorie peut être critiquée rationnellement, en plus de montrer que les « *bases objectives* » de la théorie _ c'est à dire l'affirmation de l'existence du phénomène de « *captation d'énergie diffuse* » [95] _, avancée par M. Vallée, n'ont pas été prouvées expérimentalement.

Nous avons prouvé par ce document et cette étude, que *sa réfutation pouvait être faite par une critique rationnelle*, en plus de la critique de ses bases objectives (puisque l'affirmation de la « captation d'énergie » diffuse ne découle pas d'une façon certaine et logique du reste du corpus de la « théorie » et que le lien entre les deux reste vague et éloigné).

Dans cette étude, publiée dans sa 1ère version, en 1978 [96] et analysant toutes les équations de la théorie synergétique et ses autres affirmations peu formalisées, telles que « captation de l'énergie diffuses » etc. …, nous avons prouvé sur le plan objectif et scientifique, que :

- Que l'on n'avait pas affaire « *à une théorie formalisé et prédictive* », mais à un certain nombres d'intuitions, de démonstrations mathématiques séparées, ne formant pas un tout cohérent.
- Que l'angle de la déviation des rayons lumineux par le soleil, calculée par M. Vallée était fausse. Et que l'on ne pourrait rien dire au sujet de son affirmation supplémentaire, concernant une possible influence de la couronne solaire sur cette déviation, puisque M. Vallée n'a effectué aucun calcul pour déterminer si l'indice de réfraction du gaz de proton composant la couronne solaire avait une influence sur cette déviation (le calcul a été fait pour le gaz d'électron qui a montré lui que ce dernier avait un effet négligeable [97]).
- Que l'affirmation de *la captation de l'énergie diffuse* était *l'aspect le plus constestable* de cette théorie, car étant le moins formalisé (le moins « mathématisé ») et ayant le moins de relation avec le reste du corpus de la « *théorie synergétique* ». En plus

---

[93] Si on fait exception de l'hypothétique « captation d'énergie diffuse », qui en fait a très peu de lien avec le reste du corpus de cette « théorie ».

[94] *La "théorie synergétique" de Monsieur Vallée*, Jean-Marc Levy-Leblond, LA Rercherche, N° 69 Juillet-Août 1976, Volume 7, pages 661 & 662.

[95] Mais peut-on vraiment parler de « *bases objectives* » de la théorie, en parlant du phénomène de « *captation d'énergie diffuse* », puisse que cette affirmation subjective de M. Vallée constitue juste un îlot d'idées séparé des autres démonstrations, sans aucun lien et rapport vraiment rigoureux et mathématiques, entre eux ?

[96] *La théorie synergétique*, une étude critique, Publication du Club Recherche INSA, 1978, 80 pages (Club Recherche INSA, INSA, 20 avenue Albert Einstein, 69621 Villeurbanne CEDEX). Le document La théorie "Synergétique" est actuellement sur le site de l'auteur à l'adresse :
http://benjamin.lisan.free.fr/EcritsScientifiques/pseudo-sciences/TheorieSynergetique.htm

[97] *Calcul de la déviation d'un rayon lumineux par réfraction dans la couronne solaire*, Emile Argence, Journal des Observateurs, Vol. 27, p.21, N°3-4, Mars-avril 1944.

celle-ci n'a jamais été prouvée, d'abord avec les expériences de M. Kovacs à Paris et de M. Gréa à Lyon et aussi *au niveau des tores tokamaks* [98].

Dans cette « théorie », aux d'intuitions séduisantes, aucun fait authentique prouvé scientifiquement n'étaye cette théorie … et encore moins le supposé phénomène de « *captation d'énergie diffuse* ». Concernant ce phénomène au moins 2 contre-expériences, aux résultats négatifs, ont été menées d'une façon rigoureuse (celle de M. Kovacs et celle de M. Gréa à Lyon). Expériences qui s'opposent aux résultats prometteurs des expériences « réussies », mais en fait non prouvées scientifiquement _ c'est à dire celles d' Eric d'Hoker en 1975 (voir articles de Sciences et Vie cités dans la bibliographie de ce rapport) et celles de Jean-Louis Naudin, réalisées entre 2003 et 2005 [99].

M. Vallée n'est pas le premier à imaginer une « énergie libre » universelle et inépuisable, dans laquelle on pourrait facilement puiser [100]. Si cette fameuse « énergie diffuse » ou « énergie libre » existait cela se saurait depuis longtemps.

Sinon, les faits expérimentaux jusqu'à maintenant, ont plutôt montré, contrairement aux affirmations de M. Vallée, qu'il n'est pas si facile de casser ou transmuter une particule ou un atome et les atomes stables sont bien plus stables, que ce qu'affirme M. Vallée, en ce qui concerne l'hypothétique phénomène de « captation d'énergie diffuse » [101].

Juste en tant que « jeux mathématiques », cette approche serait intéressante, simplement pour démontrer qu'il serait possible d'imaginer une théorie différente de la théorie de la relativité et qu'il ne fait pas rester dogmatique, figé sur ses certitudes concernant une théorie en physique, aussi géniale et confirmée expérimentalement, soit-elle [102] [103]. L'élaboration de toute théorie en physique est toujours, au départ, précédée par un tâtonnement mathématique intuitif, jusqu'à ce que l'ensemble de ses constructions mathématiques forment un tout cohérent et concordent avec les faits expérimentaux (et la relativité n'a pas échappée à cette règle).

---

[98] Le phénomène « d'électrons découplés », destinés à chauffer le plasmas et déviant anormalement vers les parois du tore, observés dans les tores Tokamaks, peuvent parfaitement s'expliquer par les instabilités du plasmas à haute température, sans avoir à faire appel à la nouvelle hypothèse de la théorie synergétique (sources : a) Extrait des activités scientifiques et techniques 74, CEA, Editions Dunod & Rapport d'activité du groupe de recherche de Fontenay-aux-Roses, CEA-Euratome, 92260 FONTENAY-AUX-ROSES, et b) Hight Energy Electron in Tokamak Discharge, Conférence sur la fusion contrôlée, Grenoble, 1972).

[99] Dans les expériences de Jean-Louis Naudin réalisées, entre 2003 et 2005, il n'y aucune preuve, fournie par ses expériences, d'un bilan énergétique positif produit durant ses expériences. L'érosion du dispositif en carbone observé par J.L. Naudin peut parfaitement s'expliquer par l'énergie restituée par des phénomènes d'hystérésis_ pouvant provoquer des courants induits très puissants _, dans les solénoïdes employés par J.L. Naudin. Or la contribution du bilan énergétique des possibles phénomènes d'hystérésis n'a pas été fait par J.L. Naudin, qui doit comprendre la mesure de la puissance et de l'énergie du courant dans le circuit « primaire », de la puissance et de l'énergie du courant induit dans le circuit « secondaire », l'énergie calorique dégagée, l'énergie électromagnétique dégagée (rayonnement infrarouge etc …) voire l'énergie du possible rayonnement prévu par M. Vallée _ c'est à dire des hypothétiques énergies ß de 10 MeV en moyenne, générées à partir du bore 12 produit à partir de la "désintégration" du carbone 12, prédit par M. Vallée (voir la description de ses expériences et les résultats de ceux-ci, sur son site http://jlnlabs.imars.com/vsg/).

[100] Sur ce site ci-après, on trouve une liste d'auteurs de théories physiques plus ou moins farfelues, en particulier de théories affirmant la possibilité de capter une énergie cachée dans le cosmos _ car M. Vallée n'était pas le 1er à avoir eu cette idée : http://quanthomme.free.fr/energielibre/chercheurs/CHERCHEURS3.htm

[101] Selon l'auteur de ce rapport, qui est physicien du réacteur et physicien des plasmas, il lui semble priori et intuitivement, que transmuter aussi facilement les atomes, comme l'affirme M. Vallée apparaît, semble-t-il, simpliste ou « miraculeux » (on touche presque le domaine du « merveilleux »). Et M. Vallée n'est pas physicien nucléaire, ni physicien des plasmas et n'a pas l'expérience des physiciens nucléaires ou des physiciens des plasmas.

[102] Voir article de Louis ESSEN "*La théorie de la relativité restreinte - une analyse critique*", Science Recherche Paper (Lavendon Press, Oxford, 1971).

[103] "*La Relativité*" par André Lichnérowicz, Colloque du 10° anniversaire de la mort d'Einstein et de Theillard de Chardin (UNESCO - 1965). Document épuisé et introuvable.

9 Post-Face

M. Vallée était-il un imposteur (au sens de l'être volontairement), comme l'a affirmé Michel de Pracontal dans son ouvrage « *l'imposture scientifique en 10 leçons* » [104] ?
Est-il tombé dans le mensonge comme l'a affirmé une de ses anciennes relations de travail au CEA, que l'auteur de ce rapport à rencontré en 1979 ?

L'auteur de ce rapport pense que Monsieur Vallée ne cherchait pas à gagner de l'argent, mais qu'il a cherché certainement, comme tout scientifique, reconnaissance et célébrité, grâce à sa théorie. Mais en fait, il n'a rien récolté.
Les investissements humains et financiers de M. Vallée ont été importants, sans aucun résultat concret [105]. Il a perdu dans cette affaire, en crédibilité scientifique [106], alors que pourtant les écrits de Monsieur Vallée (en particulier ses travaux sur « l'analyse binaire ») étaient des travaux intéressants et imaginatifs, sinon brillants.

Sa « imposture » (au sens d'imposture volontaire) aurait été l'affirmation de sa fameuse « captation d'énergie diffuse » dans les tores tokamak, fait qui n'a jamais été prouvé scientifiquement.
Il y a-t-il eu alors enfermement dans le mensonge de la part de Monsieur Vallée (malgré tout, les explications connues et les preuves, qu'on lui a apportées _ à plusieurs reprises _ sur le phénomène des « électrons découplés » dans les tores Tokamak) ?
L'auteur pense qu'en fait, M. Vallée, déjà connu pour son caractère vif, a été victime d'un coup de folie, durant le quel il a cru voir des ennemis partout (y compris parmi ses anciens colègues de travail au CEA).

---

[104] *L'imposture scientifique en 10 leçons*, Michel de Pracontal, Editions du troisième millénaire, 2001 (1ère édition La Découverte, 1986). Pour Michel de Pracontal les « *certitudes* [de M. Vallée] *soulève le problème de la frontière parfois floue entre l'imposture et la folie* » (page 80 de son livre).

[105] Après son licenciement du CEA en 1976, R.L. Vallée est resté un an au chômage (Il aurait travaillé en tant qu'ingénieur conseil indépendant, pendant cette période), avant de trouver un poste de professeur d'électronique chez Thomson. Il a poursuivi la promotion de ses idées au travers d'une association créée vers 1976 ou 1977, appelée la SEPED (Société pour l'Etude et la promotion de l'Energie Diffuse), qui ne débouchera sur aucun résultat pratique, qu'il quittera en 1984 et qui s'est éteinte quelques temps après.

[106] Parmi les écrits qui l'ont discrédité, Monsieur René-Louis Vallée, dans note adressée à M. Jacques Chirac, Premier ministre, le 21 mai 1986, stigmatise le capitalisme mondial dont les « *gardes fidèles à la solde de la haute finance* » bloquent « *toutes les voies du progrès scientifique* » et flétrit « *la dangereuse ignorance des responsables de la Science officielle mis en place, pour la plupart, par des puissances occultes politico-religieuses parmi lesquelles, en bonne position, se trouve **l'Organisation Sioniste Mondiale*** ». Source : Michel de Pracontal, *L'imposture scientifique en dix leçons*, Coll. Sciences et sociétés, Editions La Découverte, 1986, pages 78, 79 et 80.

10 Biographie de Monsieur Vallée

 René-Louis Vallée est né en Algérie, à Constantine, en 1926. Après des études en Math Sup et Math Spé au Lycée Descartes d'Alger, d'où il sort major. Puis il intègre l'école Sup'Elec, d'où il sort diplômé. Puis il rentre au CEA en 1956. Il y dirige, un temps, le service du département de mesures électroniques du CEA de Saclay. Puis ses collègues et lui y créeront un groupe d'analyse binaire.

R. L. Vallée, édite, en 1970, un livre « *L'analyse binaire* » aux éditions Masson, apprécié des spécialistes automaticiens. Puis il écrit, dans la foulée, son second livre « *L'énergie électromagnétique, matérielle et gravitationnelle* » édité chez Masson, en 1971, base de ce que

M. Vallée appellera plus tard la « *Théorie synergétique* ». Dans ce livre, il expose ses considérations sur l'évolution actuelle de la science physique, en particulier la relativité, la mécanique quantique, qu'il conteste, et ses propres idées (non relativistes) destinées à remédier à cette évolution. Dans cet ouvrage, aux idées originales, sont présentées des« démonstrations mathématiques », mais sans liens entre elles (que l'on pourrait appeler des « îlots mathématiques » isolés). Masson ne le vérifie pas et l'édite.

En 1973, il affirme qu'un phénomène observé dans les dispositifs de recherche sur la fusion thermonucléaire [107] est la confirmation de sa théorie. Cette dernière aurait prévu, selon lui, l'existence d'une « *énergie diffuse* », énergie inépuisable, universelle, cachée dans l'espace. Il affirme alors que, par un dispositif expérimental simple, on pourrait capter cette énergie et éventuellement se passer ensuite de toutes nos sources d'énergies actuelles.

Un jeune belge *Eric d'Hoker* réalise le dispositif expérimental, et croit vérifier les affirmations de RL Vallée [108] [109]. Mais en suivant les indications précises de M. René-Louis Vallée, M. Gréas, chercheur en physique théorique et directeur de laboratoire à l'Université Claude Bernard de Lyon, infirme l'expérience du jeune belge. Puis Francis Kovacs, sous la supervision de Jean-Marc Lévy-Leblond [110], réalise aussi la même expérience, à l'UER de physique de Paris 7 et arrive aux mêmes conclusions : aucune preuve du « *phénomène de captation d'énergie diffuse* » n'est mise en évidence [111].

Par la suite, se crée un comité de soutien [112] autour de M. Vallée, persuadé de l'existence d'un complot du lobby nucléaire et du CEA, contre sa théorie.

Une biographie plus complète de M. Vallée est présentée sur le site d'un de ses fils, M. Franck Vallée :

http://franckvallee.free.fr/plain/documentation/reference_book/bibliographie_fr.html

11 Points de repères concernant René-Louis Vallée

- Né vers 1930.
- Père autoritaire fonctionnaire à la SNCF d'Algérie (du côté d'ORAN).

---

[107] Percement des parois tores Tokamak par un faisceau d'électron.

[108] *Un mur de silence autour de la théorie synergétique du Pr. Vallée*, Renaud de la Taille, Science et Vie n°698, novembre 1975.

[109] *Un jeune français construit une pile inépuisable*, Renaud de la Taille, Science et Vie n°700, janvier 1976.

[110] Docteur d'État ès sciences physiques en physique théorique. Actuellement professeur de physique théorique à l'université de Nice.

[111] *La "théorie synergétique" de M. Vallée : une expérience à l'UER de physique de Paris 7*, Jean-Marc Lévy-Leblond et Francis Kovacs, La Recherche, N° 69 Juillet-Août 1976, volume 7, pages 661 & 662.

[112] SEPED, Société de promotion de l'énergie diffuse, dont le siège a été un temps, au 16 bis rue Jouffroy, Paris 17°.

- Il a un frère qui est devenu psychiatre,
- Etudes Math Sup, Math Spé au Lycée Descartes d'Alger,
- Major de Math Sup et de Math Spé,
- Drame de la vie de Vallée : il a raté Polytechnique, car il avait une crise de paludisme lors de l'examen. Les examinateurs lui ont refusé de l'eau.
- Entrée à Sup'Elec,
- Création d'une section radio à Sup'élec en 1947,
- Entrée au CEA après Sup'élec. Il est ingénieur, mais fait de la recherche.
- Connu pour avoir un mauvais caractère méridional, impulsif, la manie de la persécution, mais étant toujours plein d'idée. Son mauvais caractère et sa manie l'empêche d'avoir de l'avancement et la reconnaissance dont il rêve, malgré son intelligence (voire sa brillance),
- Au CEA création d'un groupe d'analyse binaire avec Vallée, Vergès, Chicheportiche.
- En 1970, R.L. Vallée édite un livre « L'analyse binaire » aux éditions Masson qui est apprécié des spécialistes automaticiens,
- Puis il écrit d'une seul jet dans la foulée, son livre « l'énergie électromagnétique et gravitationnelle » édité chez Masson, en 1971. Masson ne le vérifie pas et l'édite.
- Il n'a jamais parlé de « captation d'énergie diffuse » avant 1973.
- Il prend alors le phénomène des électrons découplés, découvert en 73 dans les tores Tokamak au CEA, comme la vérification et la confirmation de sa théorie.
- Et toute scientifique du CEA, émettant un doute contre sa théorie, est alors pris comme faisant partis d'un complot du CEA, contre lui et sa théorie. C'est le début de l'enfermement de R.-L. Vallée dans un processus de falsification, concernant les soi-disant succès de sa théorie. Séparation progressive d'avec son ami de longue date, Chicheportiche, à cause de son enfermement progressif dans le complotisme et un processus de falsification.
- A cause de sa dérive paranoïaque, sa hiérarchie le mute comme professeur d'électricité à l'INSTN de Saclay, une école dépendant du CEA. Là, l'ISNTN et son chef Frodeau lui foutent la paix. Mais il continue à crier au complot (malgré les essais de raisonnement de la part de ses collègues),
- En 1976, Vallée écrit au chef du CEA M. Giraud pour se plaindre du complot.
- Veil, chef de Vallée, consulte de grands scientifiques du CEA, Jules Horowitz, physicien, Albert Messiah, physicien, (et Gilles ou Claude Bloch ?) qui ont, tous, déclaré que le livre de Vallée est « bon à aller à la poubelle ». Comme tous ces physiciens, y compris son chef, Veil, sont juifs, il se convainc qu'il est victime d'un complot juif (contre lui et sa théorie).
- En 1976, il est muté à l'ASEST (centre de documentation du Sud-Ouest) et gagne 10000 F/mois (~ 1 966,95 Euros / mois). Finalement, il est viré du CEA en 1976.
- Vallée devient ingénieur conseil indépendant et a des relations dans le privé, ce qui lui permet d'obtenir des travaux (selon Chicheportiche).
- L'association, la SEPED _ société d'étude et de promotion de l'énergie diffuse _, est créé par ceux qui croient au complot et le soutiennent dans son « combat » : Georges Sauge Président, Vergès Trésorier. Quant au secrétaire, il n'y en a pas, c'est juste un nom pour la préfecture. Toute sa famille le soutient.
- Le siège de la SEPED se trouve dans les locaux de l'Association de Psychologie Sociale (association crée par un religieux italien ayant édité une théorie ayant comme but essentiel de lutter contre le fascisme dont Sauge, son disciple, est le président)
- Le bulletin « Synergétique » est tiré à 200 exemplaires.
- Vergès est le beau-fils de Sauge. Vergès devait éditer un livre sur l'analyse binaire avec un certain Fabvre. Vergès communiste, est celui qui le connaît depuis le plus longtemps (depuis l'Algérie, selon Chicheportiche). Il a eu une influence dans l'évolution progressive de R.L. Vallée vers le communisme.

Source de ces informations : des anciens collègues de R.-L. Vallée, au CEA.

12 Annexe 1 : démonstrations diverses de M. Vallée

12.1 *Démonstration du théorème de POYNTING*

$$\operatorname{div}\left(\frac{\partial \vec{P}}{\partial \tau}\right) = \frac{1}{c^2}.\operatorname{div}(\vec{E} \wedge \vec{H}) \quad (86) \quad \text{(cas de l'espace non divergent)}$$

$$\operatorname{div}\left(\frac{\partial \vec{P}}{\partial \tau}\right) = \frac{1}{c^2}.(\vec{H}.\operatorname{rot}\vec{E} - \vec{E}.\operatorname{rot}\vec{H}) \quad (87) \quad \text{car } \operatorname{rot}\vec{E} = -\mu.\frac{\partial \vec{H}}{\partial t} \text{ et } \operatorname{rot}\vec{H} = \varepsilon.\frac{\partial \vec{E}}{\partial t}$$

$$\operatorname{div}\left(\frac{\partial \vec{P}}{\partial \tau}\right) = \frac{1}{c^2}.\frac{(\mu.H^2 + \varepsilon.E^2)}{\partial t} = \frac{1}{c^2}.\left(\frac{\partial W}{\partial t}\right) \quad (88)$$

12.2 *Démonstration de la formule* $\dfrac{\partial W}{\partial \tau} = \dfrac{\partial U}{\partial t}$

Si l'on pose $\dfrac{\partial \vec{P}}{\partial \tau} = -\overrightarrow{\operatorname{grad}}(U)$ alors $\dfrac{\partial}{\partial t}\left(\dfrac{\partial \vec{P}}{\partial \tau}\right) = -\overrightarrow{\operatorname{grad}}\left(\dfrac{\partial U}{\partial \tau}\right)$ (89)

Mais comme $\dfrac{\partial \vec{P}}{\partial \tau} = \dfrac{\varepsilon}{c}.E^2.\vec{u}$ (u vecteur unitaire dans le sens de l'ordre)

Et que $\dfrac{\partial W}{\partial \tau} = \varepsilon.E^2$ donc $\left(\dfrac{\partial \vec{P}}{\partial \tau}\right) = \dfrac{1}{c}.\left(\dfrac{\partial W}{\partial \tau}\right).\vec{u}$ (90)

Si l'on prend un volume $\Delta\tau_0$ suffisamment petit :

$$\iiint_{\Delta\tau_0} \frac{\partial}{\partial t}\left(\frac{\partial \vec{P}}{\partial \tau}\right).d\tau = \iiint_{\Delta\tau_0} \frac{1}{c}.\frac{\partial}{\partial t}\left(\frac{\partial W}{\partial \tau}\right).\vec{u}.d\tau \approx \vec{u}.\iiint_{\Delta\tau_0} \frac{1}{c}.\frac{\partial}{\partial t}\left(\frac{\partial W}{\partial \tau}\right).d\tau \quad (90b)$$

$$\vec{u}.\iiint_{\Delta\tau_0} \frac{1}{c}.\frac{\partial}{\partial t}\left(\frac{\partial W}{\partial \tau}\right).d\tau \approx \iiint_{\Delta\tau_0} \overrightarrow{\operatorname{grad}}\left(\frac{\partial U}{\partial \tau}\right).d\tau$$

Si on applique le théorème de POYNTING et la formule du gradient :

$$\vec{u}.\iiint_{\Delta\tau_0} c.\operatorname{div}\left(\frac{\partial \vec{P}}{\partial \tau}\right).d\tau \approx \iint_{S_0} \frac{\partial u}{\partial t}.\vec{u}.dS \quad (92) \quad \text{(avec } S_0 \text{ surface du volume } \Delta\tau_0\text{)}.$$

$$\vec{u}.\iint_{S_0} c.\frac{\partial \vec{P}}{\partial \tau}.\vec{u}.d\tau \approx \vec{u}.\iint_{S_0} \frac{\partial u}{\partial t}.dS \quad (93) \quad \text{(selon la formule d'Ostrogradski)}.$$

Donc : $c.\dfrac{\partial P}{\partial \tau} = \dfrac{\partial U}{\partial t}$ (94)   ou encore $\boxed{\dfrac{\partial W}{\partial \tau} = \dfrac{\partial U}{\partial t}}$ (95)

Remarque : Il y a 3 erreurs dans cette démonstration présentée dans une plaquette du SEPED :

   a) théorème de POYNTING pour **c = cte**
   b) formule (90b)
   c) formule (92).

La seule chose qu'on peut admettre est l'hypothèse (H) : $\dfrac{\partial \vec{P}}{\partial \tau.\partial t} = -\vec{\mathrm{grad}}(\dfrac{\partial W}{\partial \tau})$

C'est à dire d'introduire la notion d'une force de diffusion, analogue à celle qui apparaît entre 2 gaz de pressions différentes.

12.3 *Démonstration de la formule* $\rho = \rho_0 - (8.\pi.G)^{-1}.(\gamma^2)$

Si l'on pose que l'énergie d'un corps, c'est $= m.U_S = W$ (96)

L'énergie gravitationnelle sera : $W_1 - W_2 = m.(U_{s1} - U_{s2})$ (97)

U_{s1} : potentiel synergétique à l'altitude 1, U_{s2} : potentiel synergétique à l'altitude 2.

Si l'on considère une masse répartie dans un certain volume τ_0, la formule (97) devient :

$$W_1 - W_2 = \iiint\limits_{\tau_0} (U_{s1} - U_{s2}).\rho_m.d\tau \quad \text{(avec } \rho_m \text{ densité de (98)).}$$

Si l'on pose $\vec{\gamma}_g = -4.\pi.G.\rho_m$ (99) , formule trouvé à partir de la formule de Newton :

$$\vec{\gamma}_g = G.\dfrac{m}{R^2}.\vec{u}$$

$$W_1 - W_2 = -\dfrac{1}{4.\pi.G} \iiint\limits_{espace} (U_{s1} - U_{s2}).\mathrm{div}(\vec{\gamma}_g).d\tau \quad \text{(100)}$$

car on peut étendre cette intégrale à tout l'espace puisque $\mathrm{div}(\vec{\gamma}_g) = 0$, en dehors des masses, mais comme :

$$\mathrm{div}((U_{s1} - U_{s2}).\vec{\gamma}_g) = (U_{s1} - U_{s2}).\mathrm{div}(\vec{\gamma}_g) + \vec{\mathrm{grad}}((U_{s1} - U_{s2})).\vec{\gamma}_g$$

(101)

alors :

$$W_1 - W_2 = -\dfrac{1}{4.\pi.G}.\iint\limits_{S} (U_{s1} - U_{s2})\vec{\gamma}_g.d\vec{S} + \dfrac{1}{4.\pi.G}.\iiint\limits_{espace} \vec{\gamma}_g.\vec{\mathrm{grad}}(U_{s1} - U_{s2}).d\tau$$

(102)

Comme $U_{s1} - U_{s2}$ tend vers 0, à l'infini :

$$W_1 - W_2 = \frac{1}{4.\pi.G} \cdot \iiint_{espace} \overrightarrow{grad}(U_{s1} - U_{s2}).\vec{\gamma}_g.d\tau \quad (103)$$

$$W_1 - W_2 = -\frac{1}{4.\pi.G} \cdot \iiint_{espace} (\gamma_{g1} - \gamma_{g2}).\gamma_g.d\tau \quad (104)$$

or sur tout l'espace : $\displaystyle\iiint_e \gamma_{1g}^2.d\tau = \iiint_e \gamma_{2g}^2.d\tau \quad (105)$

donc :

$$W_1 - W_2 = -\frac{1}{4.\pi.G}\cdot\left[\iiint_{espace}(\gamma_g + \gamma_{g1})^2.d\tau - \iiint_{espace}(\gamma_g + \gamma_{g2})^2.d\tau\right]$$

(106)

Si on pose : $\displaystyle W = \iiint_e (\frac{\partial W}{\partial \tau}).d\tau \quad (107)$

Donc : $\boxed{\dfrac{\partial W}{\partial t} = \rho = K - \dfrac{1}{8.\pi.G}.(\gamma_g)^2}$ (108)

K est assimilé à la concentration d'énergie du milieu, là où il n'existe pas de centre d'attraction.

12.4 *Force de gravitation par électromagnétisme*

On a :

$$\frac{\partial(\rho_m.\vec{V})}{\partial t} = \vec{p} = \frac{\partial(\varepsilon.\vec{E} \wedge \mu.\vec{H})}{\partial t}$$

Quantité de mouvement pour une onde électromagnétique
=
quantité de mouvement du milieu (109).

Si on suppose la densité de matière du milieu, indépendante du temps, et si on suppose cette hypothèse valable aussi pour ε et μ, on obtient :

$$\gamma_g = \frac{\partial\vec{V}}{\partial t} = \frac{1}{\rho_m.c^2}\cdot\frac{\partial(\vec{E} \wedge \vec{H})}{\partial t} \quad \text{ou encore}$$

$$\boxed{\gamma_g = \frac{1}{\rho} \cdot \frac{\partial(\vec{E} \wedge \vec{H})}{\partial t}}$$ avec ρ densité d'énergie du milieu (110).

12.5 *Energie nécessaire pour la « propulsion gravitationnelle »*

Nous avons vu (page 10) qu'à toute variation de la vitesse c (vitesse de la lumière) au cours

du temps, nous pouvions associer un champ de gravitation γ. Donc $\gamma = \dfrac{\partial c}{\partial t}$ (111), mais

comme ρ_m (densité de matière) est constante (voir page 10)

On peut écrire : $\rho_m \cdot \gamma = \rho_m \cdot \dfrac{1}{2.c} \dfrac{\partial(c^2)}{\partial t} = \dfrac{1}{2.c} \dfrac{\partial(\rho_m.c^2)}{\partial t}$ (112)

qu'on peut encore écrire : $\gamma = \rho_m \cdot \dfrac{1}{2.c} \dfrac{\partial(W)}{\partial t}$ (113)

mais $\dfrac{\partial(W)}{\partial t}$ c'est la puissance P à fournir donc :

$$\boxed{P = 2 \cdot c \cdot m \cdot \gamma}$$ (114)

12.6 *Origine électromagnétique des forces de gravitation*

Au niveau des zones divergentes (au niveau de la matière), la force par unité de volume due au champ électrique est égale à :

$\dfrac{\partial \vec{F}}{\partial \tau} = \rho_e \cdot \vec{\xi}_d$ (ρ_e représente la densité de charge électrique) .

$\rho_e = \text{div}(\varepsilon.\vec{\xi}_d) = \vec{\text{grad}}\,\varepsilon.(\vec{\xi}_d)$ $\quad \vec{\xi}_d$ est normal aux surfaces d'équi-permitivité

(ε = Constante) d'où : $\vec{\text{grad}}\varepsilon = \vec{u}.\left|\vec{\text{grad}}\,\varepsilon\right|$ et

$\dfrac{\partial \vec{F}}{\partial \tau} = -\vec{\text{grad}}\,\varepsilon.(\vec{\xi}_d)^2$ mais $c^2 = 1/(\varepsilon.\mu)$, donc $\vec{\text{grad}}c^2 = -\dfrac{1}{(\varepsilon^2.\mu)} . \vec{\text{grad}}\,\varepsilon$

donc $\vec{\text{grad}}\varepsilon = -\varepsilon.\mu.\vec{\text{grad}}c^2$ par conséquent :

$\dfrac{\partial \vec{F}}{\partial \tau} = -\varepsilon.\dfrac{(\vec{\xi}_d)^2}{c^2} . \vec{\text{grad}}c^2 = -\dfrac{1}{c^2} \cdot \dfrac{\partial W}{\partial \tau} . \vec{\text{grad}}c^2$

$$\frac{1}{c^2} \cdot \frac{\partial W}{\partial \tau} = \rho_m \quad \text{(où } \rho_m \text{ représente la densité de matière), d'où :}$$

$$\boxed{\frac{\partial \vec{F}}{\partial \tau} = \rho_e \cdot \vec{\xi}_d = -\rho_m \cdot \overrightarrow{\text{grad}} c^2}$$

12.7   Annexe 2 : Une note sur les potentiels de gravitation variant dans le temps (*)

par M. Surdin (1), communiqué par N. Bondi, reçu le 10 Janvier 62

(*) parue dans le "*Proceeding of the Cambridge Philosophical Society*" (58), page 550.

Résumé :

En utilisant la théorie newtonienne de la gravitation et postulant l'existence d'onde informationnelle, un potentiel de gravitation variant dans le temps peut être obtenu. Quand une masse est soumise à ce potentiel, une précession d'un bon ordre d'amplitude peut être obtenue. La valeur de l'angle de déflexion de la lumière par un corps pesant peut être ainsi trouvé.

Dès 1898 [113], des tentatives furent faites pour introduire des potentiels variant dans le temps dans la théorie de Newton, pour expliquer la précession du périhélie de Mercure ou de la déviation de la lumière par un corps pesant.

Plus récemment [114], une théorie fut avancée qui incluait une explication de la récession des nébuleuses extragalactiques.

Quoique la théorie de la relativité générale prédise les bonnes valeurs pour les trois tests cruciaux, de telles tentatives ont un intérêt dans leur exploration des possibilités variées de la théorie de Newton.

Le but principal de cette note est d'expliquer les deux premiers effets, en utilisant la théorie de Newton et en postulant l'existence d'ondes de gravitation.

Dans ce sens, le mouvement d'un point matériel de masse m dans un potentiel gravitationnel, créé par une masse M, est considéré. La Fraction m/M est très petite de telle sorte que l'on peut approximer en coïncidant le centre de masse de système avec le centre de masse de M. Quand m "démarre" son mouvement, dans les conditions initiales, il n'est pas informé instantanément quant au potentiel de gravitation auquel il est soumis. Ici, on prend l'hypothèse qu'une onde de gravitation est émise, dans toutes les directions de l'espace avec la vitesse c, par une masse m en mouvement. Cette onde atteint le centre d'attraction M, qui est réfléchi et reçu en retour par m.

Cette note est basée sur l'hypothèse que cette information concernant le potentiel de gravitation, créé par M, est transporté par cette onde. Considérons deux positions A et B, du point mobile m, de telle manière que le temps dépensé pour atteindre R, à partir de A est

---

[113] Ce papier a été écrit pendant que l'auteur était en congé du C.E.N. de Saclay, France.
[114] page 53.

égal au temps de propagation de l'onde gravitationnelle passant par A, M, B. Posons Δt le temps de propagation. On a :

$$\Delta t = \frac{2r}{c} = \frac{2.r}{c} - \frac{\dot{r}.\Delta t}{c} \quad \text{donc} \quad \Delta t = \frac{2.r}{c(1+\dfrac{v}{c})}$$

ou si vous préférez dans une autre écriture : $\Delta t = \dfrac{2r}{c} - \dfrac{v_R.\Delta t}{c}$

avec V_R vitesse radiale de m.

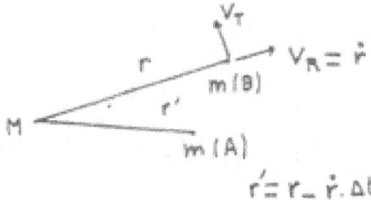

Durant le temps Δt, la distance entre m et M se sera accru d'une quantité :

$$\overline{MB} - \overline{MA} = \dot{r}.\Delta t = \frac{2.r.\dot{r}}{c.(1+\dfrac{\dot{r}}{c})} = r - \dot{r}$$

pour le mobile m le potentiel apparent de gravitation en B est le potentiel newtonien existant en A (à cause de la propagation) donc :

$$\Phi_b = -\frac{G.M}{(\overline{MA})} = -\frac{G.M}{r'} = -\frac{G.M}{r} \cdot \frac{1+\dot{r}/c}{1-\dot{r}/c}$$

Où G est la constante de gravitation. Le résultat final (10) est le même pour une énergie potentielle de la forme :

$$\Phi_{B1} = -\frac{m.\mu}{r} \cdot \frac{1-\dot{r}/c}{1+\dot{r}/c} \quad \text{avec } \mu = G.\,M.$$

et est pratiquement la même pour une énergie potentielle :

$$\Phi_B = \frac{1}{2}.(\Phi_B + \Phi_{B1}) = -\frac{m.\mu}{r} \cdot \frac{1+\dot{r}^2/c^2}{1-\dot{r}^2/c^2}$$

Le lagrangien de mouvement est : $L = m.c^2.(1-\dfrac{1}{\gamma}) + \dfrac{m.\mu}{r} \cdot \dfrac{1+\dot{r}/c}{1-\dot{r}/c}$ (2)

Avec $\gamma = \sqrt{1-\dfrac{v^2}{c^2}} = \sqrt{1 - \dfrac{\dot{r}^2+r^2.\dot{\theta}^2}{c^2}}$ (3) car $\vec{v} = \vec{v}_R + \vec{v}_T = \dot{\vec{r}} + \vec{r}.\dot{\theta}$

car nous savons que le lagrangien est la somme : Lagrangien du corps non soumis à des forces ($L = m . c^2 . (1 - \gamma^{-1})$) plus le Lagrangien de l'énergie potentielle gravitationnelle :

$$m.\Phi = m\left(\frac{G.M}{r} .. \frac{1 + \dot{r}/c}{1 - \dot{r}/c}\right)$$

Négligeant les termes du plus haut ordre, l'équation du mouvement devient :

$$\frac{d(\gamma.\dot{r})}{dt} - \gamma.r.\dot{\theta}^2 + \frac{\mu}{r^2} - \frac{2.\mu.r^2}{r^2.c^2} + \frac{4.\mu.\ddot{r}}{r.c^2} = 0 \quad (4a) \qquad \frac{d(\gamma.r^2.\dot{\theta})}{dt} = 0 \quad (4b)$$

Le taux de précession du périhélie résultant de la variation de la masse en relativité est :

$$\alpha_{SR} = \frac{1}{2} . \frac{\mu^2}{h^2.c^2} \quad (5)$$

est obtenu quand (4a) contient uniquement les trois premiers termes.

A partir de l'approximation utilisée ici, le taux total de précession du périhélie est la somme des taux résultants de (4) écrits pour une masse constante m et du taux α_{SR} résultant la variation de la variation de masse.

L'équation de mouvement, équation (4), pour un mobile avec m constant est :

$$\dot{r} - r.\dot{\theta}^2 + \frac{\mu}{r^2} - \frac{2.\mu.\dot{r}^2}{r^2.c^2} + \frac{4.\mu.\ddot{r}}{r.c^2} \quad (6a) \qquad r^2.\dot{\theta} = h \quad (6b)$$

posons $r = \dfrac{1}{u}$, $\dot{r} = -h.\dfrac{du}{d\theta}$, $\ddot{r} = -h^2.u^2.\ddot{u}^2$ (7)

Reportant ces expressions dans (6a), on obtient :

$$-h^2.u^2.\ddot{u}^2 - h^2.u^2 + \mu.u^2 - \frac{2.\mu.h^2}{c^2}.u^2.\dot{u}^2 - \frac{4.\mu.h^2}{c^2}.u^3.\ddot{u} = 0$$

Divisons par $-h^2.u^2$, on obtient : $\ddot{u} + u - \dfrac{\mu}{h^2} + \dfrac{2.\mu.\dot{u}^2}{c^2} + \dfrac{4.\mu}{c^2}.u.\ddot{u} = 0$ (8)

La solution de (8) est : $u = \dfrac{\mu}{h^2}(1 + \varepsilon.\cos(\beta.\theta))$ (9)

où ε est l'excentricité et $\beta = 1 - \alpha_i$, où α_i est une petite quantité. C'est le taux d'avance de la périhélie due au temps limité de la propagation de l'information gravitationnelle.
Substituant la valeur de « u » donnée par (9) et de ses dérivés en (8) et en égalant à 0 tous les termes du ler ordre en « μ / h^2 », on a :

$$\alpha_i = \frac{2.\mu^2}{h^2.c^2}$$

Le taux total de précession est donc : $\boxed{\alpha_T = \alpha_{SR} + \alpha_i = \dfrac{5}{2} . \dfrac{\mu^2}{h^2.c^2}}$ (10)

Comparons avec ce que la relativité générale donne : $\alpha_{GR} = \dfrac{3.\mu^2}{h^2.c^2}$

de (8) l'angle de déflexion de la lumière passant à côté du soleil peut être obtenu. Dans ce cas h = ∞ et on a à résoudre l'équation suivante :

$$\ddot{u} + u + \frac{2.\mu.\dot{u}^2}{c^2} + \frac{4.\mu}{c^2}.u.\ddot{u} = 0 \quad (11)$$

La solution de (11) est : $u = \dfrac{\cos\theta}{R} + \dfrac{2.\mu}{R^2.c^2}.\sin^2\theta$ (12), où R est le rayon du soleil.

En coordonnées cartésienne (12) se lit : $x = R \pm \dfrac{2.\mu}{R.c^2}.\dfrac{y^2}{\sqrt{x^2+y^2}}$ (13).

L'angle de déflexion est donc de : $\delta = (\dfrac{dx}{dy})_{y=\infty} - (\dfrac{dx}{dy})_{y=-\infty} = \dfrac{4.\mu}{R.c^2}$

qui est la même expression obtenue par la relativité générale.

Références :

[1] Gerber – P.2., Math. Phys. 43 (1898), 93.
[2] Bastin J.A. – Proc. Cambridge Philos. Soc. 56 (1960), 401.

13 Annexe : autre formalisme possible pour la théorie synergétique

Une des faiblesses majeures de la « théorie synergétique » est son manque de formalisation. C''est pourquoi dans cette annexe, l'auteur de ce rapport a tenté de proposer une formalisation possible de la « théorie synergétique », afin de rendre plus attrayante ce jeu mathématique (qu'il ne faut voir que comme un jeu mathématique, pour tenter de voir si une théorie alternative et cohérente à la relativité _ et expliquant tous les résultats expliqués par la relativité _ serait envisageable).

Pour cette formalisation, nous allons poser d'abord un certain nombre d'axiomes.
Note : tous ces axiomes (postulats ou présupposés), sont, on doit le reconnaître, encore assez hypothétiques.

Axiome 1

Le cadre géométrique de l'univers est euclidien et le temps absolu. L'univers contient un milieu constitué d'ondes électromagnétiques.

(C'est du moins que ce l'auteur de ce rapport à compris, en lisant « entre les lignes » les écrits de Monsieur Vallée).

Axiome 2

Dans un espace mascrocopiquement « non divergent » (c'est à dire où $\operatorname{div}\vec{D} = 0$),
on suppose valable dans tout l'univers les équations de Maxwell suivantes [115] (voir ci-après) :

a) $\overrightarrow{\mathrm{rot}}\vec{E} + \dfrac{\partial \vec{B}}{\partial t} = \vec{0}$ (1)

avec $\vec{B} = \mu.\vec{H}$, où $\vec{B}$: l'induction électrique, μ : perméabilité magnétique du vide et $\vec{H}$ le vecteur champ magnétique.
(le rotationnel du champ électrique est fonction de la dérivée temporelle du champ magnétique).

b) $\overrightarrow{\mathrm{rot}}\vec{H} - \dfrac{\partial \vec{D}}{\partial t} = \vec{0}$ (2)

avec $\vec{D} = \varepsilon.\vec{E}$, où $\vec{D}$ par l'induction magnétique, ε : permittivité du vide et $\vec{E}$ le vecteur champ électrique.

c1) dans le cas normal (espace non « divergent »), on a alors les équations de Maxwell classique : $\mathrm{div}\vec{D} = \mathrm{div}\vec{E} = 0$ (3)

c2) dans le cas d'espace « divergent » (selon M. Vallée) : $\mathrm{div}\vec{D} = \rho$ (3bis)

avec ρ densité de charge électrique [116].

Note : Dans le livre de Monsieur Vallée, la lettre grecque ρ est tantôt utilisée
a) soit comme une densité de charge électrique (voir ci-avant),
b) soit comme une quantité de masse (ou une quantité de masse volumique) du milieu et d'une particule (qu'il fait intervenir dans une quantité de mouvement du milieu cosmique ou de celle d'une particule), comme dans la formule, reliant une quantité de mouvement, par unité de volume, et « l'impulsion » (qui modifie ou produit la quantité de mouvement équivalente), correspondant au produit vectoriel de l'induction électrique par l'induction magnétique, qu'il donne, page 9 de son livre :

$$D_0 \wedge B_0 = \rho_0.v_0 \quad \text{et} \quad D \wedge B = (D_0 \wedge B_0 + \rho.v)$$

---

d) dans le cas normal (espace non « divergent ») : $\mathrm{div}\vec{B} = \mathrm{div}\vec{H} = 0$ (4)

Note : Selon le formalisme, d'Heaviside [117] [118], en posant $\vec{Q} = \sqrt{\varepsilon}.\vec{E} + i.\sqrt{\mu}.\vec{H}$ (vecteur électromagnétique complexe) et $T = i.\dfrac{t}{\sqrt{\varepsilon.\mu}}$ (variable complexe d'espace-temps), et i : nombre imaginaire ou complexe, que les équations de Maxwell pouvaient très simplement

s'écrire : $\overrightarrow{\mathrm{rot}}\vec{Q} + \dfrac{\partial \vec{Q}}{\partial T} = 0 \quad (\alpha) \qquad \mathrm{div}\vec{Q} = 0 \quad (\beta)$

---

[115] Voire page 23, du livre « *L'énergie électromagnétique, matérielle et gravitationnelle* », de M. Vallée.
[116] Voire page 18, du livre « *L'énergie électromagnétique, matérielle et gravitationnelle* », de M. Vallée.
[117] Heaviside, Oliver, "*A gravitational and electromagnetic analogy*". The Electrician, 1893.
[118] Voire page 78 et Annexe 5, page 129, du livre « *L'énergie électromagnétique, matérielle et gravitationnelle* », de M. Vallée.

Avec (1) et (2) on obtient :

$$\vec{rot}\vec{E} = -\mu.\frac{\partial \vec{H}}{\partial t} - \frac{\partial \mu}{\partial t}.\vec{H} \quad (5), \quad \vec{rot}\vec{H} = \varepsilon.\frac{\partial \vec{E}}{\partial t} + \frac{\partial \varepsilon}{\partial t}.\vec{E} \quad (6).$$

<u>Conséquence</u> : Si $\vec{E}$ et $\vec{H}$ sont sinusoïdaux :

$$\vec{E} = \vec{E}_0.e^{i.(-\omega.t+\vec{k}.\vec{x})} \quad \vec{H} = \vec{H}_0.e^{i.(-\omega.t+\vec{k}.\vec{x})}$$

On obtient : $\quad i.\vec{k} \wedge \vec{E} = (i.\omega.\mu - \frac{\partial \mu}{\partial t}).\vec{H} \quad i.\vec{k} \wedge \vec{H} = -(i.\omega.\varepsilon - \frac{\partial \varepsilon}{\partial t}).\vec{E}$

ce qui donne : $\quad \left|\frac{E}{H}\right| = \sqrt{\dfrac{\mu - \dfrac{1}{i.\omega}.\dfrac{\partial \mu}{\partial t}}{\varepsilon - \dfrac{1}{i.\omega}.\dfrac{\partial \varepsilon}{\partial t}}} \quad (7)$

<u>Axiome 3</u> :

A chaque onde électromagnétique <u>monochromatique</u>, <u>uniquement</u>, est associée une densité d'énergie ρ :

$$\rho = \frac{1}{2}.\left[\varepsilon.(\vec{r},\vec{\omega},\nu).E^2(\vec{r},\vec{\omega},\nu,\varphi) + \mu(\vec{r},\vec{\omega},\nu).H^2(\vec{r},\vec{\omega},\nu,\varphi')\right] \quad (8)$$

Avec ε permittivité du milieu, μ perméabilité du milieu dépendant tous les deux de : a) $\vec{r}$ position géométrique de l'onde (par rapport à un référentiel donné), de b) $\vec{\omega}$ direction de l'onde, de ν fréquence de l'onde. φ et φ' phases de $\vec{E}$ et $\vec{H}$ sont reliées par les équations de Maxwells.

<u>Axiome 4</u>

Il est supposé l'existence d'une fonction de distribution **f** régissant la répartition des ondes électromagnétiques, en amplitude, en directions, en fréquence, en phase. Cette distribution a les propriétés suivantes :

a) elle vérifie une <u>équation de Boltzmann</u>, *sans second membre*, dans le "vide" [119] :

$$\frac{\partial f}{\partial t} + \vec{\gamma}_{total}.\frac{\partial f}{\partial \vec{c}} + \vec{c}.\vec{grad}(f) = 0 \quad (9)$$

avec :

$\vec{c}$: vitesse des ondes électromagnétiques,

$\vec{\gamma}_{total}$: accélération à laquelle est soumise, le milieu.

b) ses moments suivent les lois suivantes :

---

[119] C.f. DELCROIX Jean-Loup, BERS Abraham, *Physique des plasmas*, tomes 1 et 2, InterEditions / CNRS Editions, EDP sciences, Paris - 1994, collection savoirs actuels.

$$f_\varphi = \int_{4\pi} \int_\circ^\infty f.d^3\omega.dv = K.e^{-tg^2(\varphi/2)}.c \quad (10)$$

$$f_v = \int_{4\pi} \int_{-\pi}^{+\pi} f.d\varphi.d^3\omega = K'.((\frac{v}{v_0})^2.e^{-(v/v_0)^2} + B(v)).c \quad (11)$$

avec $d^3\omega$: élément d'angle solide, v_0, K et K' : constantes à déterminer, c : vitesse de la lumière, B(v) : une fonction particulière à déterminer sous la forme d'une suite de pics plus ou moins gaussiens dont la répartition en fréquence représente-les particules élémentaires et les atomes. Et, l'équation :

$$f_{\vec{\omega}} = \int_{-\pi}^{+\pi} \int_0^\infty f.d\varphi.dv$$

_ dépendant du gradient d'énergie dans un champ de gravitation _ est pour l'instant non encore déterminée dans cette théorie.

Axiome 5

On suppose qu'à toute onde monochromatique, uniquement, est associée une densité de quantité de mouvement :

$$\frac{\partial\vec{p}}{\partial\tau} = \varepsilon.\vec{E}(\vec{r},\vec{\omega},v,\varphi) \wedge \mu.\vec{H}(\vec{r},\vec{\omega},v,\varphi') \quad (12)$$

Axiome 6

On suppose qu'on peut décomposer le milieu en onde monochromatique et que la quantité de mouvement totale du milieu est la somme des quantités de mouvement, des ondes électromagnétiques, individuelles, constituant le milieu :

$$(\frac{\partial\vec{p}}{\partial\tau})_{tot}(\vec{r}) = \iiint f.(\varepsilon.\vec{E} \wedge \mu.\vec{H}).d^3\omega.dv.d\varphi$$

De même, on suppose que la densité d'énergie du milieu est égale à la somme des densités d'énergies de chaque onde monochromatique :

$$\rho(\vec{r}) = \iiint f.(\frac{\varepsilon.E^2 + \mu.H^2}{2}).d^3\omega.dv.d\varphi$$

(+) cet indice "tot" indique que nous avons affaire à une quantité de mouvement totale.

Axiome 7

On suppose que : $\rho(\vec{r}) = \rho_m.c^2(\vec{r})$ (15)

avec ρ_m constante ne dépendant pas de la position $\vec{r}$.

Axiome 8

$$\overline{\frac{\partial\vec{P}(\vec{r})}{\partial\tau}} = \overline{\rho_m.\vec{v}} \quad (16)$$

Avec :

$\vec{V}$: vitesse moyenne de la particule, encore appelée vitesse de dérive de la particule,

τ : élément de volume.

Note : le surlignage indiquant une moyenne statistique.

Axiome 9

On suppose l'existence de forces de diffusion, dans le milieu, données par (voir ci-après) :

$$\frac{\partial \vec{p}}{\partial t.\partial \tau} = -\vec{grad}(\rho) \quad (17)$$

Axiome 10

On suppose que la particule comme une zone non-linéaire stable et comme une source ou un puits de débit pulsé d'énergie et que la formule de la variation de ε due à cet effet (non encore démontré), serait, pour une particule, au repos ou en déplacement par rapport au milieu, de la forme approximative suivante [120] :

$$\varepsilon = \varepsilon_0 . \sqrt{1 + \frac{1}{c_0^2 . n} . (\sum_{i=1}^{n} \frac{\sin(\sqrt{r^2 + \alpha_i^2} - r)}{\alpha_i^2} . (2.G.M. - l_i . v^2))} \quad (18)$$

$$\text{avec}: \quad \alpha_i = \frac{\pi}{2} . [1 + 2.K_i . \sin \theta . \sin(2.\pi.\nu_i . t)] \quad (18b)$$

et avec le chiffre entier $n \in N$ (**N** étant l'ensemble des entiers).

avec l_i, K_i, ν_i constantes à déterminer dépendant de l'atome ou de la particule envisagée,

V : vitesse de la particule. M masse de la particule, c_O vitesse de la lumière dans le "vide" de matière, G : constante de la gravitation universelle.

Note : cette conjecture (ou axiome 10) est la plus hypothétique de ce travail de tentative de formalisation de la « théorie synergétique ».

Axiome annexe (à vérifier) :

On suppose que la perméabilité µ constante indépendante de l'endroit $\vec{r}$ du milieu :

µ = constante (19).

Remarque : comme nous le voyons, dans cette tentative de formalisation, il reste beaucoup de constantes, de fonctions, à vérifier.

Nous allons avec cette ébauche de théorie tenter de démontrer les formules de Monsieur Vallée.

---

[120] Formule, imaginée par l'auteur, à partir d'une formule employée en acoustique, pour modéliser les franges des ondes sonores autour d'un haut-parleur et émises par ce dernier (voir cours acoustique INSA Lyon GE 5). Elle se base sur l'idée d'une particule comme émetteur d'ondes, provoquant des franges d'interférences stationnaires (qui seraient les orbites de Bohr et dont la décroissance de l'intensité suivrait à une certaine distance de la particulier approximativement les lois de la gravité de Newton, c'est à dire avec une loi de décroissante en $1/r^2$).

Note : J'invite chaleureusement les lecteurs scientifiques à poursuivre cette tentative de formalisation, en s'appuyant sur l'ouvrage / 2 / ou sur l'exposé de la théorie le mieux fait qui soit connu / 9 / (voir aussi la détermination des constantes et fonctions non précisées, dans les pages précédentes de cet article et paragraphe 11 « *Annexe : autre formalisme possible pour la théorie synergétique* »).

13.1.1 Démonstration de la formule $\vec{\gamma} = -\vec{\text{grad}}(c^2)$ (19)

Comme $\dfrac{\partial \vec{p}}{\partial t.\partial \tau} = -\vec{\text{grad}}(\rho)$ (17) alors $\rho_m \cdot \dfrac{\partial \vec{v}}{\partial t} = -\rho_m \cdot \vec{\text{grad}}(c^2)$

car ρ_m = constante (axiome 7) donc $\vec{\gamma} = \dfrac{\partial \vec{v}}{\partial t} = -\vec{\text{grad}}(c^2)$

13.1.2 Démonstration de la formule $\text{div}(\vec{\gamma}) + \dfrac{1}{c^2} \cdot \dfrac{\partial^2 v}{\partial t^2} = 0$ (20)

$$\text{div}(\frac{\partial \vec{p}}{\partial \tau}) = \text{div}(\iiint f.\frac{1}{c^2}.(E \wedge H).d\Omega) \quad \text{avec} \quad d\Omega = d^3\omega.dv.d\varphi$$

Remplaçons pour simplifier le signe $\iiint$ (intégrale triple) par le signe $\int$.

Donc : $\text{div}(\dfrac{\partial \vec{p}}{\partial \tau}) = \int \vec{\text{grad}}(\dfrac{1}{c^2}.f).(\vec{E} \wedge \vec{H}).\Omega + \int \dfrac{1}{c^2}.f.\text{div}(\vec{E} \wedge \vec{H}).d\Omega$

$$\int \left[-\frac{f}{c^4}.\vec{\text{grad}}(c^2) + \frac{1}{c^2}.\vec{\text{grad}}(f) \right].(\vec{E} \wedge \vec{H}).d\Omega + \int \frac{f}{c^2}.(\vec{H}.\vec{\text{rot}}(\vec{E}) - \vec{E}.\vec{\text{rot}}(\vec{H})).d\Omega$$

En raison des équations de Maxwell (5) et (6) :

$$\vec{H}.\vec{\text{rot}}(\vec{E}) - \vec{E}.\vec{\text{rot}}(\vec{H}) = -\vec{H}.(\mu.\frac{\partial \vec{H}}{\partial t} + \frac{\partial \mu}{\partial t}.\vec{H}) - \vec{E}.(\varepsilon.\frac{\partial \vec{E}}{\partial t} + \frac{\partial \varepsilon}{\partial t}.\vec{E})$$

$$= \frac{1}{2}.\frac{\partial}{\partial t}\left[\mu.H^2 + \varepsilon.E^2 \right] \frac{1}{2}.\left[\frac{\partial \mu}{\partial t}.H^2 + \frac{\partial \varepsilon}{\partial t}.E^2 \right]$$

Comme nous avons affirmé que le milieu est composé d'ondes électromagnétiques monochromatiques, en vertu de la formule (7) :

H^2 peut être remplacé par : $(\mu - \dfrac{1}{i\omega}.\dfrac{\partial \mu}{\partial t})^{-1/2}.(\varepsilon - \dfrac{1}{i\omega}.\dfrac{\partial \varepsilon}{\partial t})^{1/2}.E.H$

et E^2 peut être remplacé par : $(\mu - \dfrac{1}{i\omega}.\dfrac{\partial \mu}{\partial t})^{1/2}.(\varepsilon - \dfrac{1}{i\omega}.\dfrac{\partial \varepsilon}{\partial t})^{-1/2}.E.H$

Comme μ = constante et comme nous pouvons supposer expérimentalement qu'en dehors des zones de non-linéarité que constitue les particules, le terme $\dfrac{1}{i.\omega}.\dfrac{\partial \varepsilon}{\partial t}$ petit devant ε (hypothèse à vérifier), on obtient alors :

$$H^2 = \mu^{-1/2}.\varepsilon^{1/2}.E.H \qquad E^2 = \mu^{1/2}.\varepsilon^{-1/2}.E.H$$

donc :
$$\vec{H}.\vec{rot}(\vec{E}) - \vec{E}.\vec{rot}(\vec{H}) = \frac{1}{2}.\frac{\partial(\rho)}{\partial t} - \frac{\partial}{\partial t}(\sqrt{\varepsilon.\mu}).E.H$$

$$= \frac{1}{2}.\frac{\partial(\rho)}{\partial t} - \frac{1}{c^2}.\frac{\partial c}{\partial t}.E.H$$

En supposant que dans le "vide" de matière les vecteur $\vec{E}$ et $\vec{H}$ sont perpendiculaires à la direction de propagation (notre milieu étant basé sur une analogie avec un milieu plasma, on peut se poser la question, car des champs intenses dans des plasmas peuvent rendre $\vec{E}$ et $\vec{H}$ non perpendiculaires à la direction des ondes / 10 /).

Alors $c.(\vec{E} \wedge \vec{H}) = E.H.\vec{c}$

Comme **f = K'' . c** (formules (11) et (12))

Donc $\dfrac{\partial f}{\partial \vec{c}} = \dfrac{f}{c}.\vec{u}$ avec $\vec{u} = \dfrac{\vec{c}}{c} = \dfrac{\vec{E} \wedge \vec{H}}{E.H}$

ce qui implique l'égalité suivante :

$$\frac{1}{c^3}.\left[-\frac{f}{c}.(\vec{E} \wedge \vec{H}).\vec{grad}(c^2) + c.(\vec{E} \wedge \vec{H}).\vec{grad}(f) - \frac{f}{c}.\frac{\partial c}{\partial t}.E.H\right]$$

est égal à :

$$\left[\frac{\partial f}{\partial \vec{c}}.(-\vec{grad}(c^2) - \frac{\partial \vec{c}}{\partial t}) + \vec{c}.\vec{grad}(f)\right].\frac{E.H}{c^3}$$

par ailleurs :

$$\frac{1}{c^2}.f.\frac{\partial}{\partial t}\frac{(\varepsilon.E^2 + \mu.H^2)}{2} = \frac{1}{c^2}.\frac{\partial}{\partial t}\left[f.\frac{(\varepsilon.E^2 + \mu.H^2)}{2}\right] - \frac{\partial f}{\partial t}.\frac{E.H}{c^3}$$

on obtient donc

$$\text{div}(\frac{\partial \vec{p}}{\partial \tau}) = -\int \frac{1}{c^2}.\frac{\partial}{\partial t}\left[f.\frac{(\varepsilon.E^2 + \mu.H^2)}{2}\right].d\Omega \quad (20)$$

car $\dfrac{1}{c^3}.\left[\dfrac{\partial f}{\partial t} + \dfrac{\partial f}{\partial \vec{c}}.(-\vec{grad}(c^2) - \dfrac{\partial \vec{c}}{\partial t}) + \vec{c}.\vec{grad}(f)\right] = 0$ (formule (9))

Comme **c** ne dépend que de la variable $\vec{r}$ (**c** ne varie pas avec la direction $\vec{\omega}$, la fréquence ν de l'onde, la phase φ), on peut le sortir de l'intégrale (20) :

donc $\text{div}(\dfrac{\partial \vec{p}}{\partial \tau}) = -\dfrac{1}{c^2}.\dfrac{\partial \rho}{\partial t}$ (car formule (14)) comme ρ_m = Cste $\qquad \mathrm{div}(\vec{v}) = \dfrac{1}{c^2} \cdot \dfrac{\partial c^2}{\partial t^2}$

dérivons $\quad \mathrm{div}(\vec{\gamma}) = \mathrm{div}(\dfrac{\partial \vec{v}}{\partial t}) = -\dfrac{1}{c^2} \cdot \dfrac{\partial^2 (c^2)}{\partial t^2} - \dfrac{1}{c^4} \cdot (\dfrac{\partial c^2}{\partial t})^2$

comme **c** est très grand, le second terme est négligeable, donc (voir ci-après) :

$$\boxed{\mathrm{div}(\vec{\gamma}) = -\dfrac{1}{c^2} \cdot \dfrac{\partial^2 (c^2)}{\partial t^2} = \dfrac{1}{c^2} \cdot \dfrac{\partial^2 v}{\partial t^2}}$$

13.1.3 <u>Démonstration de la formule</u> $\vec{\gamma}_g = -G. \dfrac{M}{r^2} . \vec{u}$

(avec $\vec{\gamma}_g$:accélération de gravitation)

En prenant la formule (18), on pose **v** = 0. Lorsque **r** grand, $\dfrac{\sqrt{r^2 + \alpha_i^{\,2}} - r)}{\alpha_i^{\,2}}$ tend vers **1/r**.

Donc on obtient : $c^2 \approx c_0^2 - \dfrac{G.M}{r}$ (21 bis) à partir de la formule (18)

Comme $\vec{\gamma} = -\vec{\mathrm{grad}}(c^2)$ (19) $\qquad => \qquad$ alors $\vec{\gamma}_g = -G. \dfrac{M}{r^2} . \vec{u}$ (21)

13.1.4 <u>Démonstration de la formule : c2=c_0^2(1-(v^2/c_0^2))^{-1/2} (22)</u>

Celle-ci n'a pas été faite. Pour cela il faudrait améliorer la formule (18) afin que l'intégration de :

$\dfrac{1}{\tau} . \displaystyle\int \dfrac{1}{\varepsilon} . d\tau \quad$ donne $\quad \dfrac{1}{\sqrt{1 - \dfrac{v^2}{c^2}}}$

avec τ élément de volume à déterminer entourant la particule. Car comme µ= cste

on retrouverait : $\dfrac{1}{\varepsilon.\mu} = \dfrac{1}{\varepsilon_0.\mu_0} \cdot \dfrac{1}{\sqrt{1 - \dfrac{v^2}{c^2}}}$

qui n'est autre que :
$$c^2 = \frac{1}{\sqrt{1 - \dfrac{v^2}{c^2}}} . c_0^2$$

13.1.5 Conclusion sur cette tentative de formalisation de la « théorie synergétique »

Nous avons donc réussi à démontrer toutes les formules de Monsieur VALLÉE, permettant de démontrer, dans son livre, certains effets ou résultats expérimentaux en physique. Actuellement on pense qu'ils sont, en général, dus à la relativité. Si la théorie de Monsieur VALLÉE était vérifiée, beaucoup d'idées communément admises seraient remises en cause et en particulier les démonstrations relativistes (!).

Des formules de Monsieur VALLÉE n'ont pas été démontrées, comme (voir ci-après) :

$$\rho = \rho_0 - \frac{1}{8.\pi.G} . \gamma_g^2 \quad (23)$$

avec ρ : densité d'énergie dans l'espace où règne le champ de gravitation $\vec{\gamma}_g$, ρ_0 : densité d'énergie dans le vide de matière, $\pi = 3,14 \dots$, **G**: constante de gravitation.

On ne peut l'obtenir avec nos hypothèses (5) et (9) car nous ne pouvons obtenir la formule approchée de la mécanique classique :

$$\text{div } \gamma = 4 . \pi . G . \rho_m \quad (24)$$

qui a été employée par Monsieur VALLÉE, dans son livre / 2 /, pour démontrer la formule (23). De toute manière, il n'existe actuellement aucun moyen expérimental de vérifier cette dernière.

Monsieur VALLÉE arrive à démontrer la formule de l'avance du périhélie de la planète Mercure en employant la formule (voir ci-après) :

$$\Delta c^2 + \frac{1}{c^2} . \frac{\partial c^2}{\partial t^2} = 0 \quad \text{(combinaison de (19) et (20))}.$$

Mais, par contre, il n'arrive pas à retrouver le résultat expérimental de la déviation des rayons lumineux, pour le champ de gravitation, avec la formule (21 bis). Il explique cet écart entre son résultat théorique et le résultat expérimental, par la déviation supplémentaire due à l'indice de réfraction de l'atmosphère de la couronne solaire (Remarque : il existe un autre effet causant des déviations des rayons, c'est l'effet plasma de la couronne (voir / 11 /)).

La formule : $\gamma = \frac{1}{\rho} . \frac{\partial(\vec{E} \wedge \vec{H})}{\partial t} + \left(\frac{-1}{\rho^2} . \frac{\partial \rho}{\partial t} . (\vec{E} \wedge \vec{H}) \right) \quad (25)$

de la théorie, démontrable par les axiomes précédents, n'a aucun intérêt pour la propulsion électromagnétique, imaginée par M. Vallée, car quelque soit la décomposition en série de Fourier des champs $\vec{E}$ et $\vec{H}$, le γ trouvé n'a jamais de composante continue, sauf si l'on suppose ρ différent de constante ou/et si le terme entre parenthèse non négligeable [121] (+).

(+) Monsieur Vallée ne trouve que la formule suivante: $\dfrac{1}{\rho} \cdot \dfrac{\partial(\vec{E} \wedge \vec{H})}{\partial t}$

car il suppose : ρ = constante .

Pour les scientifiques intéressés, la démonstration de « E = h . ν » de la théorie, n'étant pas pour l'instant très formalisée (ou rigoureuse), il serait souhaitable de la revoir.

En effet, la formule « E = h . ν » trouvée, permet d'expliquer de façon très intéressante l'effet Mössbauer. Un modèle rigoureux du photon aurait sûrement aussi l'avantage de mieux expliquer et retrouver l'atome de Bohr et la formule de Louis de Broglie.

Pourquoi ai-je tenté la formalisation de la « théorie synergétique » ? parce que dans sa forme actuelle, elle comporte des erreurs. En effet, l'hypothèse simplificatrice ρ = constante, de la démonstration de la formule (25) dans la référence / 3 / est en contradiction avec la formule (23) de Monsieur VALLÉE.

Les-démonstrations des formules (19) et (20) dans la Conférence / 4 / sont erronées à cause de l'erreur de la troisième ligne avant la fin de la page 12 de cette Conférence.

Personnellement, même si je pense que les-études indiquées dans la bibliographie ici en référence / 5 / infirment l'idée de la "captation d'énergie diffuse" imaginée par Monsieur VALLÉE, je pense que le modèle « formalisé » de la théorie synergétique ne serait pas à rejeter, en tant que jeu intellectuel, pour l'élaboration d'une théorie alternative à la relativité.

Imaginer une « propulsion électro-gravitationnelle », comme le fait cette « théorie », serait très séduisant. Malheureusement, cette théorie ne donne pas la clef de cette « propulsion » (pourtant avancée par cette théorie [122]), même si elle donne une idée vague de la possibilité de réalisation d'une « turbine à énergie cosmique » (en supposant qu'il y eu une formule valable entre électromagnétisme et gravitation, dans l'univers et que ce fut celle fournie par cette « théorie »). En effet, la seule-formule de propulsion (25) est pour l'instant inutilisable, comme nous l'avons déjà dit (si ρ est constante).

Sinon, en supposant qu'il y eut une part de vérité dans cette théorie, il resterait encore un énorme travail pour la formaliser et retrouver, avec exactitude et certitude, tous les résultats expérimentaux actuels connus en physique (comme 1) le redshift qu'on explique actuellement par la théorie du Big Bang, 2) le rayonnement à 2,7 K° kelvin présent dans tous l'univers, qu'on explique aussi par le Big Bang, 3) les interactions faibles avec l'hypothèse actuelle du neutrino, 4) les résultats négatifs de l'expérience de Michelson-Morley, ...). Il reste encore beaucoup de chapitres de la physique, non abordés par cette théorie, à développer dans cette théorie, pour qu'elle puisse devenir enfin crédible.

La plus grande faiblesse de cette « théorie » est « l'explication » (ou la non-explication) de l'expérience de Michelson-Morley, par M. Vallée. Car celui-ci avance l'assertion non formalisée, de « l'entraînement du milieu » par la Terre, dans sa course autour du soleil ou/et une sorte de nouvelle « loi de Gladstone » dans le milieu cosmique. Or les hypothèses émises (avant la relativité) de l'entraînement du milieu n'ont pas été vérifiées (elles ont été réfutées par l'expérience de Hamar ...), d'où le succès de la relativité restreinte.

---

[121] Ou s'il existait un hypothétique phénomène d'hystérésis (avec retard de phrase), dans le milieu cosmique imaginé par M. Vallée.

[122] Dans l'ouvrage « L'énergie électromagnétique, matérielle et gravitationnelle », au chapitre 11, page 111.

13.1.6 Bibliographie utilisée pour le chapitre 11

L'idée d'une énergie diffuse présente dans l'univers n'est pas nouvelle, voir ces référence /1/ et /1bis/ :

/ 1/   "*Une hypothèse sur la propulsion des soucoupes volantes*", par le Lieutenant PLANTIER, Revue "Force Aérienne Française" (Juin 1954).

/ Ibis /   "*La propulsion des OVNIS*", J. PLANTIER, (Mames Editeur, épuisé).

/ 2 /   "*L'énergie électromagnétique, matérielle et gravitationnelle*", par René-Louis VALLEE (Masson).
          Edité par : SEPED, 16 bis, rue Joufroy, 75017, Paris.

/ 3/   Exercice de synergétique "*Quantité de mouvement et accélération associée à une onde*" (Ed. SEPED).

/ 4/   Bulletin n° 156 (Juin 1972) du Cercle de Physique Alexandre
          Dufour, 4, rue Charon, Paris 9°.
          (Consulter annexement le Bulletin n° 157).

/ 5/   "*Electrons découplés et diffusion anormale des électrons piégés dans les miroirs locaux du Tokamak T.F.R.*", Nuclear Fusion Review, 16-3 (1976).

/ 5bis/   ."*Runaway electron in Tokamak discharge*", H. KNOEPFEL, Euratom, rapport, Frascati, Novembre 1977).

/ 5ter/   . "*Etude des électrons découplés*", N. SIAKAVELLAS, Thèse CEA, Fontenay-aux-Roses, Juin 1978.

/ 6/   "*La théorie cinétique des instabilités du faisceau d'électrons découplés dans les Tokamaks*". Revue Nuclear Fusion, 18-3 (1978).

/ 7/   "*Décharge à fort courant*" in Plasma Physics and Controlled Nuclear Fusion Research., C.R. 5ème Conf. Int., Tokyo, 1974, _. A.I.E.A., Vienne (1975) 135.

/ 8/   Tableau comparatif Relativité-Théorie synergétique (SEPED).

/ 9 /   "*La théorie synergétique, une étude critique*", par Benjamin Lisan, épuisé.
Club Recherche de l'INSA, 69621, Villeurbanne-Cedex.

/10/   "*Théorie des ondes dans les plasmas*", J.F. Denisse, J.L. Delcroix, Ed. Dunod, page 124.

/ 11 /   "*Ondes dans les plasmas*", D. Quemada, Hermann, page 281.

/12 /   *The Quiet Sun*, Gibson, NASA SP-303, 1973.

/ 13 /   "*Physics of Solar Corona*", SKLOVSKIJ, I. S. Pergamon Press, 1965, page 132.

14 Programmes de recherche de relations entre constantes physiques fondamentales

Monsieur Vallée pense qu'il existerait une relation cachée entre plusieurs constantes fondamentales de physique, et pense avoir trouvé un lien entre quelques unes (voir page 32 de sone livre et voir chapitre 2 de ce rapport « *Idée d'un possible lien entre les constantes physiques fondamentales* »).

Pour vérifier cela, nous avons imaginé le programme informatique ci-après (dont une version est en langage C, et l'autre en PL/SQL) pour tenter de trouver une relation entre certaines constantes (programme qu'on n'a jamais testé et fait tourner).

14.1   Le programme en langage C

```
/*
# -------------------------------------------------------------------- #
# Projet        : perso          Sous-Projet  : ............        #
# Auteur        : B. LISAN       Date creation: 21/11/96 ..:..       #
# Nom programme : calconsphy.c   Type Langage : C                    #
# Objet du trait:                Version      : 1.0                  #
# essaye de trouver des relations entre constantes physiques fondamentales. #
# Commentaire   :                                                     #
# pour compiler cc -w -v calconsphy.c -o calconsphy -lm              #
# -------------------------------------------------------------------- #
*/
#include <stdio.h>
#include <termio.h>
#include <math.h>

/* Header file based on Physical Constants (p.1233) of RPP * T. M. Sanders
(sanders@umich.edu) 1/95 */
#define c 2.99792458E8             /* speed of light in vacuum (def) m/s   */
#define h 6.6260755E-34            /* Planck constant (40)J s              */
#define h_BAR 1.05457266E-34       /* Planck constant, reduced (63) J s    */
#define h_BAR_MeVs 6.5821220E-22   /* Planck constant, reduced (20) MeV s  */
#define e_C 1.60217733E-19         /* electron charge magnitude (49) C     */
#define e_ESU 4.8032068E-10        /* electron charge magnitude (15) esu   */
#define hBARc 197.327053           /* conversion constant hbar*c (59) MeV Fm*/
#define hBARc2 0.38937966          /*convers.constant (hbar*c)^2 (23) GeV^2 mbarn*/
#define m_e_kg 9.1093897E-31       /* electron mass (54) kg                */
#define m_e_MeV 0.51099906         /* electron mass (15) MeV/c^2           */
#define m_P_MeV 938.27231          /* proton mass (28) MeV/c^2             */
#define m_P_u 1.007276470          /* proton mass (12) u                   */
#define m_P_kg 1.6726231E-27       /* proton mass (10) kg                  */
#define m_P_M_E 1836.152701        /* proton mass (37) m_e                 */
#define m_D_MeV 1875.61339         /* deuteron mass (57) MeV/c^2           */
#define u_MeV 931.49432            /*unified atomic mass unit (u)(28) MeV/c^2*/
#define u_kg 1.6605402E-27         /* unified atomic mass unit (u) (10) kg */
#define EPSILON_0 8.854187817E-12  /* permittivity of free space F/m       */
#define MU_0 12.566370614E-7       /* permeability of free space N/A^2     */
#define ALPHA 1/137.0359895        /* fine-structure constant (61)         */
#define r_e 2.81794092E-15         /* classical electron radius (38) m     */
#define LAMBDA_BAR_e 3.86159323E-13/* electron Compton wavelength (35) m   */
#define a_0 0.529177249E-10        /* Bohr radius(mnucleus=infty) (24) m   */
#define LAMBDA_1EV 1.23984244E-6   /* wavelength of 1 eV/c particle (37) m */
#define R_INFINITY_EV 13.6056981   /*Rydberg energy(mnucleus=infinity)(40)eV*/
#define SIGMA_0_BARN 0.66524616    /* Thomson cross section (18) barn      */
#define MU_B_MeV_T 5.78838263E-11  /* Bohr magneton (52)  MeV/T            */
#define MU_N_MeV_T 3.15245166E-14  /* nuclear magneton (28) MeV/T          */
#define E_M_e 1.75881962E11        /*elect.cyclo.freq.field(53)C/kg(rad/sT) */
#define E_M_P 9.5788309E7          /*proton cyclotr.freq/field (29)C/kg(rad/sT) */
#define G_SI 6.67259E-11           /* gravitational constant (85) m^3/kgs^2 */
#define G_P 6.70711E-39            /*gravita.constant (86) h_bar c (GeV/c^2)^{-2}*/
```

```c
#define g 9.80665              /* standard grav. accel., sea level m/s^2 */
#define N_A 6.0221367E23       /* Avogadro constant (36)  /mole         */
#define K_B 1.380658E-23       /* Boltzmann constant (12) J/K           */
#define K_B_EV 8.617385E-5     /* Boltzmann constant (73) eV/K          */
#define V_MOLAR 22.41410E-3    /*molar volume,ideal gas at STP(19) m^3/mole*/
#define LAMBDAT 2.897756E-3    /*Wien displacement law constant (24) m K */
#define PI 3.1415926536
#define EXP 2.7182818285


/* ------------------------------------------------------------------------
Fonction principale
------------------------------------------------------------------------ */
main()
{
FILE *out;

short I ;
short J ;
short K ;
short L ;
short M ;
short N ;
short O ;
short P ;
short Q ;
short R ;
short S ;
short T ;
short U ;
double RESU;

if ((out=fopen("/users/X000212/d_c/res_calcons","a+"))==NULL)
  {fprintf(stderr,"fichier res_calcons inexistant\n");
   exit(1);
  }

fprintf(out,"Debut du programme\n");

RESU = 0.;

  for(I = 1; I <= 3; I++ ) {
    for(J = -3; J <= 3; J++ ) {
      for(K = -3; K <= 3; K++ ) {
        for(L = -3; L <= 3; L++ ) {
          for(M = -3; M <= 3; M++ ) {
            for(N = -3; N <= 3; N++ ) {
              for(O = -3; O <= 3; O++ ) {
                for(P = -3; P <= 3; P++ ) {
                  for(Q = -3; Q <= 3; Q++ ) {
                    for(R = -3; R <= 3; R++ ) {
                      for(S = -3; S <= 3; S++ ) {
                        for(T = -3; T <= 3; T++ ) {
                          for(U = -3; U <= 3; U++ ) {

                  RESU = pow (c        , I ) *
                         pow (h        , J ) *
                         pow (e_C      , K ) *
                         pow (m_e_kg   , L ) *
                         pow (m_P_kg   , M ) *
                         pow (u_kg     , N ) *
                         pow (EPSILON_0, O ) *
                         pow (MU_0     , P ) *
                         pow (G_SI     , Q ) *
                         pow (e_C      , R ) *
                         pow (PI       , S ) *
                         pow (EXP      , T ) *
                         pow (2.       , U ) - 1.;
```

```c
                              if ( RESU < 0.0001 && RESU > -0.0001 )
      fprintf(out,
      "I=%d J=%d K=%d L=%d M=%d N=%d O=%d P=%d Q=%d R=%d S=%d T=%d U=%U RESU=%15.6e\n"
                              ,I, J, K, L, M, N, O, P, Q, R , S, T, U, RESU );
                                          };
                                      };
                                  };
                              };
                          };
                      };
                  };
              };
          };
      };

      fprintf(out,"Fin du programme \n");

      fclose(out);
      exit(0);
      }
```

14.2   Le programme en PL/SQL

```
/*
# -------------------------------------------------------------------------- #
# Projet          : recherches          Sous-Projet  : essai........         #
# Auteur          : B. LISAN            Date creation: 21/11/96  ..:..        #
# Nom programme : CALC_CONS_PHY.SQL  Type Langage : PL/SQL                    #
# Objet du trait:                       Version      : 1.0                    #
# essaye de trouver des relations entre constantes physiques fondamentales    #
# -------------------------------------------------------------------------- #
*/

CREATE TEMPO (
VAR1   NUMBER ,
VAR2   NUMBER ,
VAR3   NUMBER ,
VAR4   NUMBER ,
VAR5   NUMBER ,
VAR6   NUMBER ,
VAR7   NUMBER ,
VAR8   NUMBER ,
VAR9   NUMBER );
pause;


DECLARE
/* Constantes physiques (p.1233) de T. M. Sanders (sanders@umich.edu) 1/95 */
c        NUMBER :=2.99792458E8   /* speed of light in vacuum (def) m/s       */
h        NUMBER :=6.6260755E-34  /* Planck constant (40)J s                  */
e_C      NUMBER :=1.60217733E-19 /* electron charge magnitude (49) C         */
m_e_kg NUMBER :=9.1093897E-31   /* electron mass (54) kg                     */
m_P_kg NUMBER :=1.6726231E-27   /* proton mass (10) kg                       */
u_kg    NUMBER :=1.6605402E-27  /* unified atomic mass unit (u) (10) kg      */
EPSILON_0 NUMBER :=8.854187817E-12 /* permittivity of free space F/m         */
MU_0      NUMBER :=12.566370614E-7 /* permeability of free space N/A^2        */
G_SI      NUMBER :=6.67259E-11      /* gravitational constant (85) m^3/kgs^2  */
/* h_BAR NUMBER :=1.05457266E-34   * Planck constant, reduced (63) J s         */
/* h_BAR_MeVs NUMBER :=6.5821220E-22  * Planck constant, reduced (20) MeV s   */
/* e_ESU NUMBER :=4.8032068E-10 * electron charge magnitude (15) esu         */
/*  hBARc NUMBER :=197.327053       * conversion constant hbar*c (59) MeV Fm  */
/* hBARc2 NUMBER :=0.38937966 * convers.constant (hbar*c)^2 (23) GeV^2 mbarn */
/* m_e_MeV NUMBER :=0.51099906 * electron mass (15) MeV/c^2                  */
/* m_P_MeV NUMBER :=938.27231   * proton mass (28) MeV/c^2                    */
/* m_P_u NUMBER :=1.007276470   * proton mass (12) u                          */
```

```
/* m_P_M_E NUMBER :=1836.152701 * proton mass (37) m_e                        */
/* m_D_MeV NUMBER :=1875.61339  * deuteron mass (57) MeV/c^2                  */
/* u_MeV NUMBER :=931.49432     * unified atomic mass unit (u) (28) MeV/c^2*/
/* ALPHA NUMBER :=1/137.0359895    * fine-structure constant (61)            */
/* r_e NUMBER :=2.81794092E-15     * classical electron radius (38) m        */
/*LAMBDA_BAR_e NUMBER :=3.86159323E-13 * electron Compton wavelength (35) m  */
/* a_0 NUMBER :=0.529177249E-10    * Bohr radius (mnucleus= infty) (24)m     */
/* LAMBDA_1EV NUMBER :=1.23984244E-6  * wavelength of 1 eV/c particle (37) m */
/*R_INFINITY_EV NUMBER :=13.6056981 *Rydberg energy (mnucleus=infinity)(40)eV*/
/*SIGMA_0_BARN NUMBER :=0.66524616   * Thomson cross section (18) barn       */
/*MU_B_MeV_T NUMBER :=5.78838263E-11 * Bohr magneton (52)  MeV/T             */
/*MU_N_MeV_T NUMBER :=3.15245166E-14 * nuclear magneton (28) MeV/T           */
/* E_M_e NUMBER :=1.75881962E11    *elect.cyclotro.freq/field (53)C/kg rad/sT */
/*E_M_P NUMBER :=9.5788309E7 *proton cyclotron freq/field (29) C/kg (rad/sT) */
/*G_P NUMBER :=6.70711E-39 * gravitation.constant (86) h_bar c (GeV/c^2)^{-2}*/
/* g NUMBER :=9.80665      * standard grav. accel., sea level m/s^2      */
/*N_A NUMBER :=6.0221367E23   * Avogadro constant (36)  /mole              */
/* K_B NUMBER :=1.380658E-23   * Boltzmann constant (12) J/K               */
/* K_B_EV NUMBER :=8.617385E-5 * Boltzmann constant (73) eV/K             */
/*V_MOLAR NUMBER :=22.41410E-3 * molar volume,ideal gas at STP(19) m^3/mole*/
/*LAMBDAT NUMBER :=2.897756E-3 * Wien displacement law constant (24) m K   */


I NUMBER := 0;
J NUMBER := 0;
K NUMBER := 0;
L NUMBER := 0;
M NUMBER := 0;
N NUMBER := 0;
O NUMBER := 0;
P NUMBER := 0;
Q NUMBER := 0;
R NUMBER := 0;
S NUMBER := 0;
T NUMBER := 0;
U NUMBER := 0;
RESU NUMBER := 0;
d NUMBER := 0;


BEGIN
  FOR I=1..3 LOOP
     FOR J=1..3 LOOP
        FOR K=1..3 LOOP
           FOR L=1..3 LOOP
              FOR M=1..3 LOOP
                 FOR N=1..3 LOOP
                    FOR O=1..3 LOOP
                       FOR P=1..3 LOOP
                          FOR Q=1..3 LOOP
                             RESU := POWER ( c        , I ) *
                                     POWER (h         , J ) *
                                     POWER (e_C       , K ) *
                                     POWER (m_e_kg    , L ) *
                                     POWER (m_P_kg    , M ) *
                                     POWER (u_kg      , N ) *
                                     POWER (EPSILON_0, O ) *
                                     POWER (MU_0      , P ) *
                                     POWER (G_SI      , Q ) *
                                     ;
                                     IF ABS(RESU - 1) < 0.0001 THEN
                                         INSERT INTO TEMPO VALUES
                                            ( I, J, K, L, M, O, O, P, Q );
                                     END IF;
                          END LOOP;
                       END LOOP;
                    END LOOP;
                 END LOOP;
              END LOOP;
           END LOOP;
```

```
        END LOOP;
     END LOOP;
   END LOOP;
END;
SET PAGES 999;
SET LINE 80;
SET NEWPAGE 1;
SET HEAD OFF;
TTITLE OFF;
SPOOL /tmp/LNK_PHY.LST
SELECT * FROM TEMPO;
SPOOL OFF;
```

15 Bibliographie citée dans cette étude

[1]   *Geometrodynamic*, John-Archibald Wheeler, Academic Press, New York
[2]   *Théorie de la double solution*, Louis de Bröglie, Gauthier-Villars
[3]   *Théorie unitaire*, Jean Charron, Albin Michel,
[3bis]   *La Relativité complexe et l'unification de l'ensemble des quatre interactions physiques*, de Jean Emile Charon, Albin Michel, 1987.
[4]   *Mécanique ondulatoire, synergétique et radioactivité*, René-Louis Vallée, Edition SEPED, C/O Vallée, 4 allée des Copalms, 91380 CHILLY-MAZARIN.
[5]   *L'énergie électromagnétique, matérielle et gravitationnelle*, René-Louis Vallée, Editions Masson, 1972 (épuisé) puis éditions SEPED.
[6]   *La théorie de la relativité restreinte et générale*, A. Einstein, Gauthier-Villars, 1971.
[7]   *Radar observations of the planets*, L. Shapiro, Scientific American, 219, 1
[8]   *Tableau comparatif relativité restreinte et générale & théorie synergétique*, Editions SEPED.
[9]   *Théorie des champs*, Landau et Lifchitz, Editions de Moscou.
[10]   *Conférence sur la Synergétique*, René-Louis Vallée, Saclay, Janvier 1977.
[11]   *Conférence sur la Synergétique*, René-Louis Vallée, Université de Lyon, 17 Mai 1977.
[12]   *La synergie des noyaux et la radioactivité*, Editions SEPED.
[13]   *L'effet Compton*, Congrès international d'électricité, 1ère section de Paris, 1932.
[14]   *Les modulations analogiques*, cours électronique 4GE, Institut National des Sciences Appliquées, 20 cours Albert Einstein, 69690 VILLEURBANNE CEDEX.
[15]   *Traitement du signal*, cours 5GE, Institut National des Sciences Appliquées.
[16]   *Table des isotopes,* Lederer, C.D.I., 28 rue de Trévise, 75009 PARIS.
[17]   *Extrait des activités scientifiques et techniques 74*, CEA, Editions Dunod & Rapport d'activité du groupe de recherche de Fontenay-aux-Roses, CEA-Euratome, 92260 FONTENAY-AUX-ROSES.
[18]   *Hight Energy Electron in Tokamak Discharge*, Conférence sur la fusion contrôlée, Grenoble, 1972.
[19]   *La théorie de la relativité restreinte _ une analyse critique*, Louis ESSEN, Oxford - Science Recherche Paper, Lavendon Press, Oxford, 1971.
[20]   *La relativité*, André Lichnérowicz, Colloque du 10° anniversaire de la mort d'Einstein et de Theillard de Chardin, UNESCO, 1965.
[21]   *Une note sur les potentiels de gravitation variant dans le temps*, M. Surdin, Proceeding of the Cambridge Philosophical Society, (58), p. 550, Jan 1962.
[22]   *La "théorie synergétique" de M. Vallée*, Jean Marc Levy-Leblonc, La Recherche, juillet-Août 1976, n° 69, volume 7, page 661.
[23]   *Electrons découplés et diffusion anormale des électrons piégés dans les miroirs locaux du Tokamak T.F.R.*, Nuclear Fusion Review, 16-3 (1976).
[24]   *Runaway electron in Tokamak discharge*, Euratom, rapport, Frascati, Nov 1977, H. KNOEPFEL.
[25]   *Etude des électrons découplés*, Thèse CEA, Fontenay-aux-Roses, Juin 1978, N. SIAKAVELLAS.

[26]   *La théorie cinétique des instabilités du faisceau d'électrons découplés dans les Tokamaks*, Nuclear Review, 18-3 (1978).
[27]   *L'apparition de la matière*, R. L.VALLEE, bulletin n°157, juin 72, Cercle de Physique Alexandre Dufour (4 rue Choron 75009 PARIS). Texte d'une conférence faite le 24 juin 1972 au même endroit.

Bibliographie non citée dans notre étude :

[1] R. L. Vallée, « L'énergie de demain sera t'elle d'origine cosmique? », Promotion Sociale, Recherche et Invention Innovation, n°105-106 mars - juin 1974. Texte d'une conférence faite en juin 1974 au Palais de la Découverte.

[2] Vallée, René-Louis (1926-2007), *Écrits de physique synergétique*, "GUST" 1998-1999 / René-Louis Vallée ; [textes réunis par Énergie libre], Énergie libre, 2000, 20 p. (Association Energie Libre, BP 53, 95122 Ermont Cedex).

[3] Vallée, René-Louis, « *La vitesse de la lumière peut-elle être dépassée ?* », revue interne du CEA, 1968.

16 Sites parlant de cette théorie

Il y a peu de sites, sur Internet, parlant actuellement de la « théorie synergétique ». Citons :

a) site de Franck Vallée, un des fils de M. R.L. Vallée, exposant la « théorie synergétique ». Sur ce site vous pourrez d'ailleurs télécharger le livre de M. R.L. Vallée : http://franckvallee.free.fr/localhost/plain/documentation/reference_book.html

b) Site de Jean-Louis Naudin, le plus complet sur la « théorie synergétique » :
« *La théorie synergétique, une solution à la crise de l'énergie* » (Extrait de « Synergétique N °35 » et écrit par G . de Lacheze-Murel, Retranscrit et adapté par J. L. Naudin), sur le site de J.L. Naudin. : http://jlnlabs.imars.com/vsg/synergetique.htm
Et sur ce même site, est présenté le « générateur d'énergie » de R.L. Vallée (« *Vallée synergetic generator* ») : http://jlnlabs.imars.com/vsg/

c) Ceux qui s'intéressent aux soucoupes volantes se sont beaucoup intéressés à la théorie synergétique. Un site « soucoupiste » fait une retranscription d'un article paru en 1975 dans la revue Sciences & Vie et écrit par Renaud De La Taille : http://photovni.free.fr/Synerg%E9tique2.htm

d) Site « original », croyant à la captation d'une énergie cachée dans le cosmos, faisant mention de la théorie synergétique : http://quanthomme.free.fr/avantpropos.html
Une page de site présente aussi une courte biographie de R.L. Vallée : http://quanthomme.free.fr/energielibre/chercheurs/CHERCHEURS3.htm

e) Forum où l'on parle de synergétique :
http://forums.futura-sciences.com/showthread.php?t=464

17 Annexe : existence d'autres « théories synergétiques »

La *théorie synergétique* de *Hermann Haken* étudie l'évolution spatio-temporelle de systèmes composés de plusieurs sous-systèmes liés entre eux par des relations de coopération. La somme des sous-systèmes locaux étant autre chose que l'addition des effets séparés de chacun de ceux-ci, la théorie cherche à comprendre les répercussions des relations de coopération sur l'organisation spatio-temporelle du système global. Elle explicite les processus d'auto-organisation qui caractérisent, à l'échelle microscopique, les interactions entre les composantes du système. Ce faisant, la théorie synergétique reconstitue les processus générateurs de structures qualitativement nouvelles à l'échelle macroscopique. http://www.cgq.ulaval.ca/textes/vol_42/no_117/Note%20liminaire.pdf

Table des matières